高职高专国家示范性院校课改教材

微机控制应用技术

主编　王晓静

主审　孙福成

西安电子科技大学出版社

内 容 简 介

本书围绕微机控制应用技术，以 51 单片机为基础，采用 C 语言作为程序设计语言，综合考虑了高职学生的接受能力、就业需求，并结合近几年的教学改革经验编写而成。

本书按照由浅入深、循序渐进的原则，选取了七个项目，分别为：熟悉微机控制系统、七色发光手电、LED 点阵屏、无字库 LCD 液晶显示器 12864、基于 DS18B20 的数字温度计、环境测试、温控直流电机控制系统。

本书语言简洁、图文并茂，侧重实际应用。

本书可作为高等职业专科院校电子信息类、电气类、机电类等专业的微机控制技术课程的教材，也可作为电子工程技术人员的参考书。

图书在版编目(CIP)数据

微机控制应用技术/王晓静主编. —西安：西安电子科技大学出版社，2017.5
高职高专国家示范性院校课改教材
ISBN 978-7-5606-4466-0

Ⅰ. ① 微⋯　 Ⅱ. ① 王⋯　 Ⅲ. ① 微机控制　　Ⅳ. ① TP273

中国版本图书馆 CIP 数据核字(2017)第 075578 号

策　　划　秦志峰
责任编辑　秦志峰　董柏娴
出版发行　西安电子科技大学出版社(西安市太白南路 2 号)
电　　话　(029)88242885　88201467　　　　邮　　编　710071
网　　址　www.xduph.com　　　　　　电子邮箱　xdupfxb001@163.com
经　　销　新华书店
印刷单位　陕西华沐印刷科技有限责任公司
版　　次　2017 年 5 月第 1 版　　2017 年 5 月第 1 次印刷
开　　本　787 毫米×1092 毫米　1/16　印 张　12.5
字　　数　292 千字
印　　数　1～2000 册
定　　价　24.00 元

ISBN 978 - 7 - 5606 - 4466 - 0/TP
XDUP 4758001-1

微机控制技术是电气、机电、电信等专业的必修专业课，但是多数微机控制技术教材侧重于介绍各种控制算法，所选实例也过于复杂，不易验证。从这个角度考虑，微机控制技术教材应兼顾知识性、趣味性及难易程度，使老师乐于教、学生容易学，然后在学习中引导学生思考，从而掌握一些基本控制方法。

本书以 51 单片机原理与应用为基础，综合考虑了高职学生的接受能力、就业需求，并结合近几年的教学改革编写而成。全书共由七个项目构成，这些项目实现的是最基本的控制任务，贴近生活、方便验证，适合作为学习微机控制技术的入门级教材。

熟悉微机控制系统和七色发光手电这两个项目介绍了微机控制系统的构成，并通过手电的编程复习了 51 单片机的基本应用；LED 点阵屏和无字库 LCD 液晶显示器 12864 这两个项目介绍了两种基于点阵的较为复杂但又有所不同的输出设备，用于显示后续项目的执行结果；基于 DS18B20 的数字温度计和环境测试这两个项目介绍了两种温度传感器、亮度传感器以及湿度传感器的原理及应用；温控直流电机控制系统项目介绍了直流电机的 PWM 调速。

书中的七个项目由简单到复杂，在项目三～项目六中，一直贯穿着一个主线，那就是串行总线的应用。通过学习 74LS595 移位寄存器、数字式温度传感器 DS18B20、模/数转换器 ADC0832 等不同功能的串行器件，学生能够掌握串行总线的一些基本方法。

本书具有如下特点：

(1) 搭积木式编程。很多与编程有关的教材都是先讲解理论知识，然后给出完整的源程序。但学生在刚开始学习时，并不能将理论与程序很好地融合，因此本书在编写时，采用搭积木式编程，每一个知识点后给出其功能函数，在相关的知识点全部介绍完后，各种功能的函数也编写完成，最后将这些函数根据控制任务组装起来就是完整的源程序。

(2) 开放的项目要求。考虑到学生接受能力及基础的差异，项目要求中只给出了最低要求，能力强的学生可继续完成随堂练习中给出的更复杂的控制任务。

(3) 全新的学习过程。每个项目在学习时，可以先下载提供的示例.hex 文件，连接硬件，进行测试。熟悉控制过程后，进行相关知识点的学习，然后编写程序，实现控制要求。

(4) 图文并茂。书中给出了项目框图、硬件电路图等。例如在项目二中，由于硬件电路图比较复杂，还给出了其详细的绘制过程。

(5) 习题形式多样。通过随堂练习、项目练习等强化学生的学习效果。

本书由王晓静主编，孙福成教授主审。在编写过程中，张小义老师给出了合理的建议，在此谨向他表示诚挚的感谢。

由于编者水平有限，书中不足之处在所难免，希望读者批评指正。

编　者

2016 年 11 月

目　　录

项目一 熟悉微机控制系统

项目任务

用按键和发光二极管模拟手电的工作。发光二极管的起始状态是熄灭，第一次按下按键时，发光二极管点亮；第二次按下按键时，发光二极管熄灭……不断重复此过程。

项目目标

知识目标

- ❖ 熟悉微机控制系统与微机控制技术。
- ❖ 了解并掌握微机控制系统的组成。
- ❖ 熟悉输入/输出通道及接口的作用。
- ❖ 熟悉人机交互设备及接口的作用。
- ❖ 熟悉单片机的基本应用。
- ❖ 熟悉微机控制实验箱的使用。

能力目标

- ❖ 能够画出微机控制系统的组成框图。
- ❖ 能够正确描述微机控制系统框图中各部分的作用。
- ❖ 根据要求画出框图。
- ❖ 根据要求画出硬件电路图。
- ❖ 根据要求编写程序。
- ❖ 正确使用微机控制实验箱。

1.1 微机控制技术

1.1.1 微机控制技术概述

1. 概述

微机控制系统是微型计算机控制系统的简称，是以微型计算机为控制核心的自动控制系统或过程控制系统，可以使受控对象的动态过程按规定方式和技术要求运行，以完成各种过程控制、操作管理等任务。

微机控制技术的全称是微型计算机控制技术，是与微机控制系统有关的技术，是微机、控制技术、受控对象等多学科知识的综合应用技术。现如今，微机控制技术不仅应用于工业生产，也已渗透至我们生活的方方面面。

2．微机控制系统组成

微机控制系统由硬件和软件两部分组成，其硬件构成如图 1-1 所示。

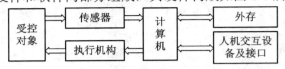

图 1-1 微机控制系统的硬件构成

1）硬件

硬件由计算机及外围设备组成。计算机可以是专用的工业机，也可以是微机；外围设备包括输入/输出通道及接口、人机交互设备及接口、外存(外部存储器)等。

计算机是微机控制系统的核心，而它的核心部件是 CPU。CPU 通过人机交互接口接收用户的指令和受控对象的参数，并向系统各部分发送所需的各种数据，完成检测、数据处理、控制计算、逻辑判断等工作。

输入/输出通道及接口分为模拟量输入/输出通道和数字量输入/输出通道两种。数字量是指断续变化的量，用 D 表示，如开关量、脉冲量等；模拟量是指连续变化的量，用 A 表示，如温度、湿度等。

输入通道及接口把受控对象经传感器转换后的电信号，转换为数字量送入控制器。传感器是输入通道及接口中重要的检测装置，能感受到受控对象的信息，并能将感受到的信息按一定规律变换成为电信号，以满足信息的传输、处理、存储、显示、记录和控制等要求。传感器的发展已微型化、数字化、智能化、多功能化、系统化、网络化。它是实现自动检测和自动控制的首要环节。传感器包括热敏元件、光敏元件、湿敏元件、声敏元件等。除了传感器以外，输入通道及接口还包括 A/D 转换器、多路开关、放大器、光耦等。

输出通道及接口把控制器处理结果再转换成执行机构所需信号，去控制受控对象。执行机构是输出通道及接口重要的组成部分，它可以将控制器发出的控制信号转换成调整机构的动作，使受控对象按规定的要求工作，或者说，它是实现控制器对受控对象实施控制的执行者，是前面各环节作用最终的体现者。常用的执行机构如继电器、直流电机、步进电机、电磁阀、变频器等。除了执行机构外，输出通道及接口还包括锁存器、驱动电路、D/A 转换器、多路开关等。

人机交互设备及接口也分为输入设备及输出设备两种。输入设备将用户的要求或控制参数传达给计算机，如键盘和鼠标等；输出设备将计算机的要求或结果传达给用户，如各种显示器。它们是用户和计算机进行信息交换的工具。

外存指光盘、U 盘或随机存取存储芯片等。外存是控制器内部存储器的补充，用于存储控制系统大量的程序或数据。需根据控制系统的实际需要选用合适的外存。

2）软件

软件由系统软件和应用软件组成。系统软件用于管理计算机，多为通用软件；应用软件是为实现特定控制目的而编写的程序，如数据采集、控制、数据处理、数据显示和报警等程序，它们与受控对象紧密相关，由专业人员自行编写。

【随堂练习 1-1】

画出恒温箱控制系统的组成框图。

1.1.2　51 单片机概述

微机是指微型计算机，而作为微机的一个重要发展分支的单芯片微型计算机(即单片机)，由于外形小巧、功能多、价格低廉、易学等优点，在微机控制领域被广泛应用。目前第一代 51 系列单片机仍是单片机中的主流机型。单片机作为控制器，相比其他控制器，性能更稳定可靠，易于学习。微机控制技术用单片机作为控制器，较好地实现了以软件取代模拟或数字电路，提高了系统性能及可靠性。

本书中采用 AT89S52 单片机作为控制核心。AT89S52 是 Atmel 公司生产的通用型单片机，具有如下特点：

(1) 8 KB 在系统可编程 Flash 存储器；

(2) 256B 的 RAM；

(3) 8 位数据总线及 16 位地址总线；

(4) 32 个可编程 I/O 口；

(5) 3 个 16 位定时/计数器；

(6) 6 个中断源；

(7) 全双工 UART 串行通道；

(8) 看门狗定时器。

1.2　模 拟 手 电

1.2.1　硬件设计

如图 1-2 所示为用单片机模拟手电工作的硬件电路图。开关用 KEY 表示，与端口 P1.2 相连，用于控制 LED 的亮灭；P2 口连接 8 个 LED。图 1-2 中，左侧的元件与单片机芯片一起构成了单片机的最小系统，是单片机工作必不可少的。发光二极管的限流电阻 R = (5 V – 2 V)/10 mA = 300 Ω。

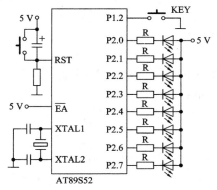

图 1-2　项目一硬件电路图

1.2.2 软件设计

软件主要解决以下问题：

(1) 按键的检测。在第一次检测到开始键闭合时，延时 10 ms 去除抖动，再进行第二次检测。

(2) 手电状态的变换。按键每次闭合时，手电处于与之前相反的状态。用 P2 = ~ P2 实现。

源程序如下：

```c
/*预处理*/
#include <reg51.h>
#define uchar unsigned  char
#define uint   unsigned   int
/*全局变量定义*/
sbit KEY=P1^2;
/*延时函数*/
void delay(uint   a)
{
    uint i,j;
    for(i=0;i<a;i++)
        for(j=0;j<1827;j++);
}
/*主函数*/
main()
{
    while(1)
    {
        if(KEY==0)
         {
                delay(1);
                if(KEY==0)
                {
                    P2=~P2;
                    while(!KEY);
                }
         }
    }
}
```

【随堂练习 1-2】

(1) 将上述源程序编辑、编译后，下载至 AT89S52。然后用并行线将单片机的并行口 P2 与发光二极管的控制口相连，按下按键，观看结果是否正确。

(2) 画出模拟手电工作的框图与流程图。

项目评价

项目名称		熟悉微机控制系统			
评价类别	项 目	子 项 目	个人评价	组内互评	教师评价
专业能力(80)	信息与资讯(30)	微机控制系统(10)			
		正确使用实验箱(10)			
		单片机的基本应用(10)			
	计划(20)	原理图设计(10)			
		流程图(5)			
		程序设计(5)			
	实施(20)	实验板的适应性(10)			
		实施情况(10)			
	检查(5)	异常检查(5)			
	结果(5)	结果验证(5)			
社会能力(10)	敬业精神(5)	爱岗敬业与学习纪律			
	团结协作(5)	对小组的贡献及配合			
方法能力(10)	计划能力(5)				
	决策能力(5)				
	班级		姓名		学号
评价					
	总评		教师		日期

✍ 项目练习

一、填空题

1. 微机控制系统由_____和_____组成。

2. 人机交互设备的作用是_____，最常用的人机交互设备有_____。

3. 输入/输出通道及接口分为_____和_____两种。

4. D/A 转换器的作用是_____，A/D 转换器的作用是_____。

5. 写出你所熟悉的传感器_____。

6. 单片机最小系统由单片机、$\overline{\text{EA}}$、_____、_____组成。

7. AT89S52 单片机有_____个并行 I/O 口，它们的名称是_____。

二、选择题

1. 计算机只能识别(　　)。
   A. 十进制数　　　B. 二进制数　　　C. 十六进制数　　　D. 八进制数

2. 键盘在微机控制系统中属于(　　)。
   A. 输入通道　　　B. 输出通道　　　C. 人机交互设备

3. 执行机构在微机控制系统中属于(　　)。
   A. 输入通道　　　B. 输出通道　　　C. 人机交互设备

4. AT89S52 单片机是(　　)位机。
   A. 8　　　　　　B. 16　　　　　　C. 准 16　　　　　D. 32

5. AT89S52 单片机引脚中，复位端是(　　)。
   A. RST　　　　　B. SFR　　　　　C. $\overline{\text{EA}}$　　　　　D. XTAL1

6. 实现编辑、编译功能的软件是(　　)。
   A. keil　　　　　B. STC　　　　　C. progisp　　　　D. 皆可

7. 适用于 AT 系列单片机的下载软件是(　　)。
   A. keil　　　　　B. STC　　　　　C. progisp　　　　D. 皆可

8. 能够下载至单片机程序存储器的文件的扩展名是(　　)。
   A. .c　　　　　　B. .h　　　　　　C. .hex　　　　　D. 皆可

三、综合题

1. 画出微机控制系统的组成框图。

2. 简述输入/输出通道及接口的作用。

3. 画出声光报警电路的框图。

4. 画出自动门电路的框图。

项目二　七色发光手电

 项目任务

编程实现七色发光手电。该手电在开始键的控制下发光；且在发光后，每按一次开始键，变换一种颜色；在开始键的控制下，共可以发出七种颜色的光。

📖 项目目标

知识目标

- ❖ 了解三基色原理。
- ❖ 掌握三色发光二极管的原理与使用。
- ❖ 熟悉多个三色发光二极管的驱动方法。
- ❖ 掌握函数声明的作用及形式。
- ❖ 熟悉源程序新的书写形式。
- ❖ 熟练运用多分支语句。

能力目标

- ❖ 认识三色发光二极管。
- ❖ 能够画出框图及硬件电路图。
- ❖ 能够正确写出函数声明语句。
- ❖ 正确使用多分支语句。
- ❖ 根据要求编写程序。

2.1　七色发光手电框图

如图 2-1 所示为七色发光手电的框图。为了增强手电的亮度，七色发光手电模型由多个发光器件并联而成，引出红、绿、蓝 3 个控制线，由于 AT89S52 单片机并行 I/O 口的带负载能力有限，故驱动电路是必不可少的。

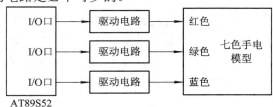

图 2-1　七色发光手电框图

2.2   三色发光二极管

2.2.1   三基色原理

光学三基色是指红、绿、蓝三色，人眼对红、绿、蓝最为敏感。

三基色原理是指自然界中的绝大部分彩色都可以由三种基色按一定比例混合得到；反之，任意一种彩色均可被分解为三种基色。作为基色的三种彩色，要相互独立，即其中任何一种基色都不能由另外两种基色混合来产生。由三基色混合而得到的彩色光的亮度等于参与混合的各基色的亮度之和。三基色的比例决定了混合色的色调和色饱和度。

白色、青色、黄色、紫色可以由三种基色相加混合而成。

白色 = 红色 + 绿色 + 蓝色
青色 = 绿色 + 蓝色
黄色 = 红色 + 绿色
紫色 = 红色 + 蓝色

2.2.2   三色发光二极管

将红、绿、蓝 3 种不同颜色的管芯封装在一起就形成了三色发光二极管。三色发光二极管有共阴型和共阳型两种类型，如图 2-2 所示。

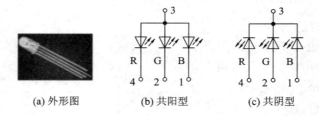

(a) 外形图   (b) 共阳型   (c) 共阴型

图 2-2   三色发光二极管

三色发光二极管中的三种颜色是相互独立的，可以根据需要点亮不同的管芯，在使用时，必须串接限流电阻，使流过管芯的电流在安全范围之内。例如，共阳极 3 脚接高电平，红色管芯的负极 4 脚接低电平，点亮的就是红色管芯。

不同颜色发光二极管的导通管压降略有区别，一般红色的为 1.8～2.0 V，绿色和蓝色的为 3.2～3.4 V。

用数字万用表，测试三色发光二极管时，将挡位开关置于"⊢⊳⊢"。测试方法如下：

假设一个脚为第 3 脚，将红表笔接假设的第 3 脚，黑表笔分别接其他 3 个引脚，如果发光，可确定为共阳型，并根据颜色确定其余 3 个引脚；如果不发光，换黑表笔接假设的 3 脚，发光的话，则为共阴型。如果用红、黑表笔分别连接至假设的 3 脚，都不发光时，则重新假设 3 脚。

【随堂练习 2-1】

用数字万用表测试三色发光二极管。

2.2.3　七色发光手电测试

仔细观察七色发光手电，首先连接 5V 电源线(对颜色连接，5 V 用红色线，GND 用黑色线)，然后将红、绿、蓝三色控制口分别接至 P2.0、P2.1、P2.2，硬件连接好后，下载示例手电 .hex 文件至 AT89S52 芯片中，多次按下开始键(key0)，观察七色发光手电发出的七种颜色。

红、绿、蓝三个控制引脚共有 8 种组合，按表 2-1 进行手工测试，观察并记录每种组合对应的颜色。例如，测试第二种组合时，红色为 0、绿色为 0、蓝色为 1，那么就将红色、绿色控制线接 GND、蓝色控制线接 5 V。

表 2-1　七色发光手电测试

RED	GRE	BLU	颜色
0	0	0	
0	0	1	
0	1	0	
0	1	1	
1	0	0	
1	0	1	
1	1	0	
1	1	1	

【随堂练习 2-2】

(1) 上网了解双色发光二极管等其他可发光器件。

(2) 用规范的方法，列出 4 位二进制数的十六种组合。

(3) 分析表 2-1 中的测试结果，说明七色发光手电中使用的三色发光二极管是共阴型还是共阳型。

2.2　七色发光手电硬件设计

图 2-3 所示为七色发光手电的硬件电路图。七色发光手电模型由七个共阳型三色发光二极管组成，将七个管子的红色、绿色、蓝色引脚分别并联后，引出红、绿、蓝 3 个控制线。

芯片 4953 多用于 LED 点阵显示屏驱动，当每一显示行需要的电流比较大时，要使用行驱动管。每片 4953 内部有两个 PMOS 管，1、3 脚为源极，2、4 脚为栅极，5、6、7、8

脚为漏极，可以驱动 2 个显示行。

图 2-3 中，如果一个红色 LED 导通电流为 I_{red}，那么最终 7 个红色 LED 并联后，控制线上的电流会达到 $7*I_{red}$，超出了单片机并行 I/O 口的带负载能力。为了解决这个问题，将4953 内部的 2 个 PMOS 管并联使用，在源级与漏极之间形成一个受栅极控制的电子开关。当栅极为"0"时，源级与漏极之间会导通，7 个红色 LED 并联后的电流经过 PMOS 流通，而不是直接灌入 P2.0 口；当栅极为"1"时，源级与漏极之间为高阻状态(漏极开路)，所有红色 LED 不能工作。

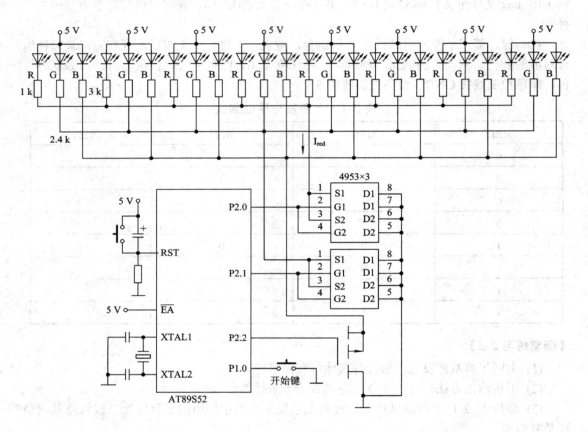

图 2-3　七色发光手电硬件电路图

开始键是七色发光手电的开关，用以控制手电的亮、灭及颜色的切换。

编程控制七色发光手电时，字节寻址和位寻址均可采用，以位寻址为例，定义如下：

```
sbit  kaishi=P1^0;
sbit  RED=P2^0;
sbit  GRE=P2^1;
sbit  BLU=P2^2;
```

【随堂练习 2-3】

计算如图 2-3 所示电路图中，红色、绿色、蓝色发光二极管的电流。

2.3　七色发光手电软件设计

2.3.1　七色彩灯

编程使七色发光手电在通电后，循环发出七种颜色。每一种颜色持续的时间约为 600 ms。

源程序如下：

```
/*预处理*/
#include    <reg51.h>
#define   uchar   unsigned   char
#define   uint    unsigned    int
/*全局变量定义*/
sbit   RED=P2^0;
sbit   GRE=P2^1;
sbit   BLU=P2^2;
void   delay(uint   a)
{
    uint i,j;
    for(i=0;i<a;i++)
        for(j=0;j<1827;j++);
}
main()
{
    while(1)
    {
        RED=0;GRE=0;BLU=0;delay(60);
        RED=0;GRE=0;BLU=1;delay(60);
        RED=0;GRE=1;BLU=0;delay(60);
        RED=0;GRE=1;BLU=1;delay(60);
        RED=1;GRE=0;BLU=0;delay(60);
        RED=1;GRE=0;BLU=1;delay(60);
        RED=1;GRE=1;BLU=0;delay(60);
    }
}
```

在上面的源程序中，delay 函数定义写在 main 函数之前，在 main 函数中调用就是合法的。如果将 delay 函数定义剪切至 main 函数之后，重新编译，提示出现错误，如图 2-4 所示。这是由于将被调用的函数写在主调函数之后，编译器在 main 函数中，见到 delay(60) 时，不清楚这是一个什么类型的函数。

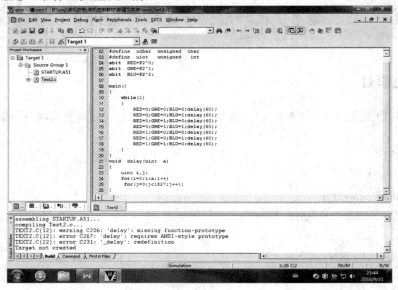

图 2-4　编译错误提示

2.3.2　函数

编程时，如果程序的功能较多，规模较大，把所有的程序代码都写在 main 函数中，就会使 main 函数变得混乱，使阅读和维护变得困难。或在程序中要多次实现某一功能(如延时函数)，就需要多次重复编写这些代码。

解决的方法是编写多个函数用于实现不同的功能，然后将这些函数有序地组装在一起。采用函数结构，不仅可以解决问题，也易于实现结构化程序设计，使程序的层次结构更为清晰，便于程序的编写、阅读、调试。

因此，函数就是功能，每个函数用于实现一个特定的、不太复杂的功能，函数的名字就代表了它的功能，起名字时一定要做到见名知义。

函数调用就是使用该函数，实现函数的功能。一个 C 源程序是由一个 main 函数和若干其他函数组成的。在 main 函数中调用其他函数，其他函数也可互相调用。如图 2-5 所示，同一个函数可以被一个或多个函数调用任意多次。

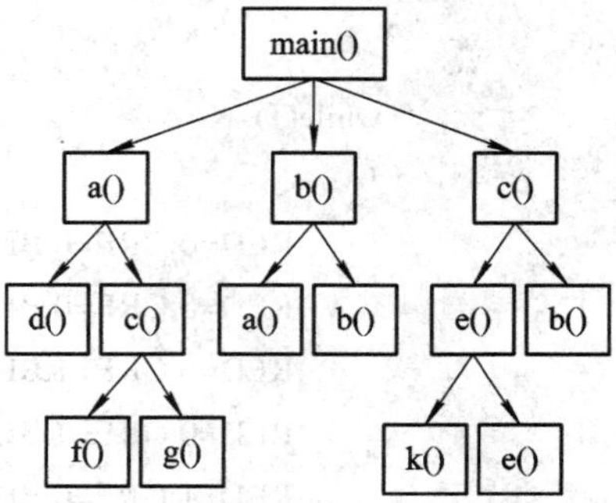

图 2-5　函数调用

1．函数分类

C 的函数可以分为库函数和用户自定义函数两种。

库函数是指放在一个文件内的，实现通用功能的函数，可以供不同的人调用。调用的时候必须用#include 包含相关的头文件。

用户根据需要编写的函数称为用户自定义函数。我们编写的函数均为用户自定义函数。

不管是库函数还是用户自定义函数，根据有无返回值和有无形参，可以分为四类：

(1) 无返回值无形参函数，简称为无返无参函数；

(2) 无返回值有形参函数，简称为无返有参函数；

(3) 有返回值无形参函数，简称为有返无参函数；

(4) 有返回值有形参函数，简称为有返有参函数。

返回值是指函数被调用，执行完之后返回给调用者的执行结果，在函数说明时也称为出口参数。函数不需要返回值时，用 void 表示，例如，延时函数为无返回值函数；函数需要返回值时由用户定义返回值的类型，例如，数学函数多为有返回值函数。有返回值的函数，用 return 语句返回，一般形式为

    return(表达式);

return 语句只能返回一个结果，有多个结果时，可定义全局变量进行数据的传递。

形参的全称是形式参数，在被调函数执行之前，用于接收或存放由调用者传递给被调函数的参数，在函数说明时也称为入口参数。形参可以是函数所处理的数据、影响函数功能的因素等。形参可以有 1 个或多个，各形参之间用逗号间隔，当然也可以没有，无形参时用 void 表示。

2．函数操作

除了 main 函数之外，与其他函数相关的操作有 3 个，分别是函数声明、函数定义和函数调用。

1) 函数定义

函数定义限定了函数的具体功能。

函数定义包含函数头和函数体。在函数头中说明该函数有无返回值、函数名及有无形参；函数体中为完成其功能的语句。一般形式为

    返回值类型　函数名(形参列表)
    {
        函数体语句;
    }

在 C51 中，所有的函数都只能定义一次，而且包括主函数 main 在内，都是平行的，也就是说，在一个函数的函数体内，不能再定义另一个函数，即不能嵌套定义。

2) 函数调用

函数的调用就是函数的执行过程，或者说函数只有通过调用才得以执行。调用的一般形式为

    函数名(实参列表);

main 函数可以调用其他函数(不包括中断函数)，而不允许被其他函数调用；其他函数可以互相调用，且可以被调用多次。因此，C51 程序的执行总是从 main 函数开始，完成对其他函数的调用后再返回到 main 函数，最后在 main 函数中结束整个程序执行；一个 C51 源程序必须有且只能有一个主函数 main。

形参在函数定义中出现，只有类型与名字，称之为形式参数；实际参数在函数被调用时由调用者给出实际的数值，所以称为实参。

形参与实参之间的联系是传递数据，发生函数调用时，调用者将实参的值传送给被调函数的形参，从而实现主调函数向被调函数的数据传送。

形参与实参都为局部变量，形参在函数定义的函数体内使用，离开该函数则不能使用；实参在主调函数中使用，进入被调函数后，实参变量也不能使用。

函数的形参和实参还具有以下特点：

(1) 形参变量只有在被调用时才分配内存单元，在调用结束时，即刻释放所分配的内存单元。

(2) 实参可以是常量、变量、表达式、函数等，无论实参是何种类型的量，在发生函数调用时，它们都必须具有确定的值，以便把这些值传送给形参。

(3) 实参和形参在数量上，类型上，顺序上应严格一致，否则会发生"类型不匹配"的错误。

(4) 函数调用中发生的数据传送是单向的。即只能把实参的值传送给形参，而不能把形参的值反向地传送给实参。因此在函数调用过程中，形参的值发生改变，而实参中的值不会变化。

3) 函数声明

C 程序书写灵活，没有严格的要求，但是当被调函数的函数定义出现在主调函数之后时，必须要在调用之前进行函数声明，告诉编译器有这样一个函数存在，才能够根据它的特点为其分配必要的内存单元。

函数声明的一般形式为

　　　　返回值类型　函数名(形参列表);

函数声明实际就是函数定义时的函数头，一个函数可以声明多次，也可以在所有函数之前只声明一次。

3．举例

【例 2-1】　　延时 200 ms～2 s。写出函数定义、函数声明及函数调用。

延时函数无需返回值；延时时间在 200～2000 ms 之间是可以变化的，可定义一个形参来控制延时时间的变化；总之满足该要求的延时函数最好为无返有参函数。

```
/*函数声明*/
void   delay(uint   a);
/*函数调用*/
delay(600);              //延时 600ms，600 为实参
delay(2000);             //延时 2s，2000 为实参
/*函数定义*/
void   delay(uint   a)
{
    uint i,j;
    for(i=0;i<a;i++)
```

```
                   for(j=0;j<130;j++);
```

    }

【例 2-2】　　说明下面给出的函数的特点。

```
    void    lcdkaixianshi(void)
    {
        P0=0x3f;
        RW=0;
        RS=0;
        E=1;
        E=0;
    }
```

上述为函数定义，函数名为 lcdkaixianshi，无返回值，无形参。

改正图 2-4 中的错误，重新下载，观看结果。

源程序如下：

```
    /*预处理*/
    #include    <reg51.h>
    #define    uchar    unsigned    char
    #define    uint    unsigned    int
    /*全局变量定义*/
    sbit    RED=P2^0;
    sbit    GRE=P2^1;
    sbit    BLU=P2^2;
    /*函数声明*/
    void    delay(uint    a);//delay()函数声明
    main()
    {
        while(1)
        {
            RED=0;GRE=0;BLU=0;delay(60);//delay()函数调用
            RED=0;GRE=0;BLU=1;delay(60);
            RED=0;GRE=1;BLU=0;delay(60);
            RED=0;GRE=1;BLU=1;delay(60);
            RED=1;GRE=0;BLU=0;delay(60);
            RED=1;GRE=0;BLU=1;delay(60);
            RED=1;GRE=1;BLU=0;delay(60);
        }
    }
    /*函数定义，main() 除外*/
```

```
void    delay(uint    a)//delay()函数定义
{
    uint    i,j;
    for(i=0;i<a;i++)
        for(j=0;j<1827;j++);
}
```

当控制系统的功能较为复杂，源程序较长时，在 main 函数之前对编写的所有函数先进行声明，在 main 函数之后再写函数定义，可使源程序便于查看。

【随堂练习 2-4】

(1) 延时 1 ms。写出函数定义、函数调用及函数声明。

(2) 声明一个函数 disp。要求：无返回值；有一形参，形参类型为无符号字符型，形参名自定。并写出该函数的调用语句。

2.3.3　七色发光手电

为了实现七色发光手电的功能，编程时，主要解决以下几个问题：

(1) 开始键的检测。在第一次检测到开始键闭合时，延时 10 ms 去除抖动，再进行第二次检测。

(2) 手电颜色变换规律。

第 1 次按下：发出白色光，RED=0，GRE=0，BLU=0；

第 2 次按下：发出黄色光，RED=0，GRE=0，BLU=1；

第 3 次按下：发出紫色光，RED=0，GRE=1，BLU=0；

第 4 次按下：发出红色光，RED=0，GRE=1，BLU=1；

第 5 次按下：发出青色光，RED=1，GRE=0，BLU=0；

第 6 次按下：发出绿色光，RED=1，GRE=0，BLU=1；

第 7 次按下：发出蓝色光，RED=1，GRE=1，BLU=0；

第 8 次按下：熄灭，RED=1，GRE=1，BLU=1。

(3) 统计开始键闭合的次数。定义变量cishu，初值为0，最大值为8。开始键每闭合一次，cishu 加 1。

(4) 根据变量cishu 进行 8 分支。用 switch 语句根据上述颜色的变换规律实现 8 分支。

源程序如下：

```
/*预处理*/
#include    <reg51.h>
#define    uchar  unsigned   char
#define    uint  unsigned  int
/*全局变量定义*/
sbit    RED=P2^0;
sbit    GRE=P2^1;
sbit    BLU=P2^2;
```

```
    sbit    kaishi=P1^0;
    uchar    cishu=0;
    /*函数声明*/
    void    delay(uint    a);
    main()
    {
        while(1)
        {
            if(kaishi==0)
            {
                delay(1);
                if(kaishi==0)
                {
                    cishu++;
                    if(cishu==9)        cishu=1;
                    switch(cishu)
                    {
                        case    1: RED=0;GRE=0;BLU=0;break;
                        case    2: RED=0;GRE=0;BLU=1;break;
                        case    3: RED=0;GRE=1;BLU=0;break;
                        case    4: RED=0;GRE=1;BLU=1;break;
                        case    5: RED=1;GRE=0;BLU=0;break;
                        case    6: RED=1;GRE=0;BLU=1;break;
                        case    7: RED=1;GRE=1;BLU=0;break;
                        case    8: RED=1;GRE=1;BLU=1;break;
                    }
                    while(!kaishi);
                }
            }
        }
    }
    /*函数定义，main()除外*/
    void delay(uint    a)
    {
        uint    i,j;
        for(i=0;i<a;i++)
            for(j=0;j<1827;j++);
    }
```

【随堂练习 2-5】

(1) 画出七色发光手电的流程图。

(2) 编辑、编译七色发光手电的源程序，编译并下载后，观看显示效果。

项目评价

项目名称		七色发光手电			
评价类别	项目	子项目	个人评价	组内互评	教师评价
专业能力(80)	信息与资讯(30)	三基色原理(6)			
		三色发光二极管(12)			
		函数声明及编程框架(6)			
		多分支语句(6)			
	计划(20)	原理图设计(10)			
		流程图(5)			
		程序设计(5)			
	实施(20)	实验板的适应性(10)			
		实施情况(10)			
	检查(5)	异常检查(5)			
	结果(5)	结果验证(5)			
社会能力(10)	敬业精神(5)	爱岗敬业与学习纪律			
	团结协作(5)	对小组的贡献及配合			
方法能力(10)	计划能力(5)				
	决策能力(5)				
评价	班级		姓名		学号	
	总评 教师 日期				

✍ 项目练习

一、填空题

1. 光学三基色是指_____、_____、_____。

2. 黄色是由_____、_____合成的，青色是由_____、_____合成的，紫色是由_____、_____合成的。

3. 三色发光二极管是将_____、_____、_____三种颜色的管芯封装在一起构成的，分为_____、_____两种类型。

4. 4953 在电路中起_____作用。

5. 函数名为 xc，无返回值、有一个无符号字符型形参 c，写出该函数声明_____；及函数调用_____。

6. 3 位二进制数共有_____个状态。

二、选择题

1. 白色光是由(　　)合成的。

　　A．红绿黄　　　　B．红绿蓝　　　　C．红黄蓝　　　　D．黄绿蓝

2. 三色发光二极管有(　　)个引脚。

　　A．6　　　　　　B．5　　　　　　C．4　　　　　　D．3

3. 已知函数声明"void A(void);"，该函数是(　　)函数。

　　A．无返无参　　　B．无返有参　　　C．有返无参　　　D．有返有参

4. 已知函数声明"void ad(unsigned char d);"，该函数是(　　)。

　　A．无返无参　　　B．无返有参　　　C．有返无参　　　D．有返有参

5. 已知函数声明"void ad(unsigned char d);"，正确的函数调用是(　　)。

　　A．ad();　　　　B．ad(62);　　　　C．ad(298);　　　　D．AD(37);

6. 已知函数声明"void Ae(void);"，正确的函数调用是(　　)。

　　A．AE();　　　　B．AE(62);　　　　C．ae();　　　　D．Ae();

7. 8 分支可以用(　　)构成。

　　A．while　　　　B．for　　　　　C．switch　　　　D．皆可

三、综合题

1. 简述三基色原理。

2. 利用按键和发光二极管实现 4 位二进制数的加法。

3. 利用 8 个按键控制三色发光二极管，每一个按键控制一种状态。要求画出框图、硬件电路图，并编写源程序。

项目三　LED 点阵屏

📚 项目任务

在 32×64 的 LED 点阵屏上显示 16×16 的汉字，效果如图 3-1 所示。

图 3-1　项目三显示效果图

📖 项目目标

知识目标

❖ 了解 LED 点阵屏。

❖ 熟悉 LED 点阵屏的构成及显示原理。

❖ 熟悉 LED 点阵屏的驱动方法。

❖ 掌握 74HC573 的引脚、功能、使用方法。

❖ 掌握 74LS154 的引脚、功能、使用方法。

❖ 掌握 74LS595 的引脚、功能、使用方法。

❖ 掌握译码器的扩展。

❖ 掌握移位寄存器的扩展。

❖ 掌握 LED 点阵屏上显示信息的方法。

❖ 掌握取模软件的使用。

❖ 熟悉利用并行口模拟数据的串行传送的方法。

能力目标

❖ 认识并描述 LED 点阵屏。

❖ 能够画出 LED 点阵屏的驱动电路。

❖ 根据需要取出信息的字模。
❖ 正确使用数字集成电路。
❖ 正确编写函数显示不同大小的点阵信息。
❖ 正确编程实现数据串行传送。
❖ 根据显示要求编程。

3.1 LED 点阵概述

3.1.1 LED 点阵

LED 是半导体发光二极管的缩写。LED 点阵屏指的是由 LED 组成，通过 LED 亮灭来显示文字、图片、动画、视频等的显示器件。LED 点阵屏的各部分组件都已模块化，通常由显示模块、控制系统及电源系统组成。LED 点阵屏制作简单，安装方便，被广泛应用于各种公共场合，如汽车报站器、广告屏以及公告牌等。

大屏幕显示系统一般是将多个 LED 点阵组成的小模块以搭积木的方式组合而成的，每一个小模块都有自己的独立的控制系统，组合在一起后只要引入一个总控制器控制各模块的命令和数据即可，这种方法不仅简单而且具有易装、易维修的特点。

LED 点阵像素的颜色有单色、双色和全彩色三类，可显示红、黄、绿、橙等；LED 点阵像素的个数有 8×8、16×16、24×24、40×40 等多种；LED 点阵像素的直径有φ3、φ3.75、φ8 等；LED 点阵屏在室内和室外场地均可使用。根据像素的数目不同，像素颜色分为双原色、三原色等。根据像素颜色的不同，所显示的文字、图像等内容的颜色也不同，单原色点阵只能显示固定色彩，如红、绿、黄等单色；双原色和三原色点阵显示内容的颜色，由像素内不同颜色发光二极管点亮的组合方式决定，如红绿都亮时可显示黄色。假如按照脉冲方式控制二极管的点亮时间，则可实现 256 或更高级灰度显示，即可实现真彩色显示。

LED 点阵显示系统中各模块的显示方式有静态和动态两种。静态显示原理简单、控制方便，但硬件接线复杂，故在实际应用中一般采用动态显示方式，动态显示采用扫描的方式工作，由峰值较大的窄脉冲驱动，像素轮流工作，就可显示各种图形或文字信息。

3.1.2 LED 8×8 点阵内部结构

1088BS 是较为常用的单色 8×8 点阵，它由 8 行 8 列共 64 个 LED 构成。在图 3-2(a)所示的外形图上，其中一个侧面印有 1088BS 的型号，型号朝着自己并且正面朝上，俯视点阵屏时，最上面为第 1 行，最左侧为第 1 列，约定好行列位置，在显示信息时方便描述，当然也可以自行定义行列序号。

1088BS 共有 16 个引脚，如图 3-2(b)所示，X0～X7 为行号，Y0～Y7 为列号；行号与列号在外形图上是按顺序排列的，但是在引脚图上是乱序的，在制作硬件时一定要注意；

型号朝着自己、正面朝上，下面一排引脚最左侧的为第 1 脚。

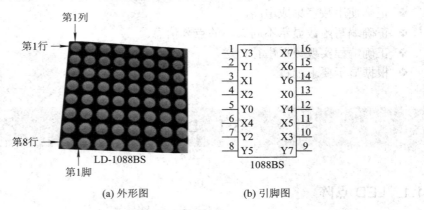

(a) 外形图　　　　　　　(b) 引脚图

图 3-2　1088BS 外形图和引脚图

　　图 3-3 所示为 1088BS 的内部结构，图中给出了 64 个 LED 的连接方法，每行 8 个 LED 的阳极连接在一起为行线，每列 8 个 LED 的阴极连接在一起为列线，即"行阳列阴"。点亮任何一个 LED 时，需要给 LED 所在行线发送高电平，列线发送低电平。

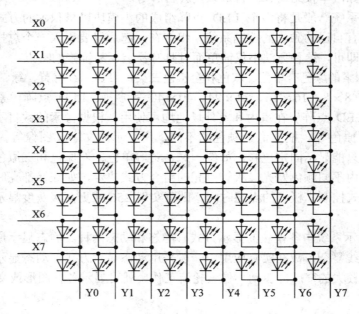

图 3-3　1088BS 内部结构图

3.1.3　LED 点阵框图

　　用单片机控制 LED 点阵时，为所有的行线与列线分配 I/O 口，由于同行或同列中连接的 LED 比较多，超过了单片机 I/O 口的带负载能力，必须通过驱动电路来提高单片机 I/O 口的带负载能力，如图 3-4 所示。

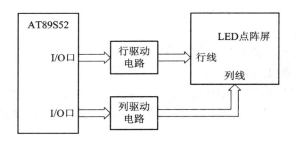

图 3-4 LED 驱动框图

3.2 8×8 点阵硬件设计

3.2.1 8 路锁存器 74HC573

锁存器在电路中的最主要作用是缓存，其次是解决高速的控制器与慢速的外设不同步问题，再其次是解决驱动的问题，最后是提高单片机 I/O 口的带负载能力。它包括不带锁存使能端的锁存器和带锁存使能端的锁存器。74HC573 是带锁存使能端的锁存器。

1. 特点

74HC573 为 74 高速 CMOS 系列集成电路，电源为 3～18 V，后缀 573 表示集成电路的功能。

74HC573 输出级为三态总线驱动输出，俗称三态门。三态门是指能够输出三种状态 (高电平、低电平、高阻状态)的门电路，三态门常用于构成总线传送数据。一般的门电路只有高电平、低电平两种状态。

74HC573 输出引脚最大可承受 35 mA 的拉电流或灌电流，常用做点阵的驱动电路。

2. 引脚图

74HC573 的引脚图如图 3-5(a)所示。

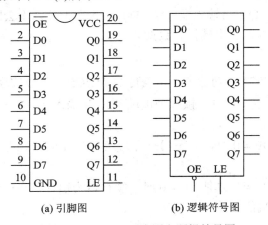

(a) 引脚图   (b) 逻辑符号图

图 3-5 74HC573 引脚图和逻辑符号图

- VCC—电源输入端，3～18 V。
- GND—接地端。
- D0～D7—并行数据输入端。
- Q0～Q7—并行数据输出端。

锁存器、寄存器等数字集成电路，既可以采用并行方式(同时传送)传送数据，也可以采用串行方式(分时传送)传送数据，再结合输入、输出引脚，综合来看，共有 4 种数据传送方式：

(1) 并行输入—并行输出方式，简称为并入—并出；

(2) 并行输入—串行输出方式，简称为并入—串出；

(3) 串行输入—并行输出方式，简称为串入—并出；

(4) 串行输入—串行输出方式，简称为串入—串出。

这 4 种方式中，并入—并出的数据传送方式速度最快；串入—串出的数据传送方式速度最慢；并入—串出的数据传送方式可以将输入的并行数据转换为串行数据输出，而串入—并出的数据传送方式是将输入的串行数据转换为并行数据输出。因此，并入—串出、串入—并出两种方式主要用于实现数据格式的转换。

74HC573 输入为并行方式，输出也为并行方式，因此为并入—并出方式，8 位数据通过 8 个数据通路同时传送，传送速度最快。

- $\overline{OE}$ —输出使能端，低电平有效。

$\overline{OE}$ 是三态门的专属使能端，当 $\overline{OE} = 0$ 时，三态门工作于传送数据的状态(使能)，可以输出高电平或低电平；当 $\overline{OE} = 1$ 时，三态门不能工作(禁止)，此时三态门输出为高阻状态。

- LE—锁存使能端，高电平有效。

锁存功能是指将数据保存在锁存器的输出端，与输入信号没有关系，且不会丢失。暂存数据之前，一定要先把正确的数据送入锁存器。

当 LE = 1 时，锁存器为传送状态，将输入端 D7～D0 的数据传送至输出端 Q7～Q0，即采用并入—并出方式传送 8 位二进制数据。

当 LE = 0 时，锁存器为锁存状态。工作于锁存状态时，将之前传送至输出端 Q7～Q0 的数据锁存。此时 Q7～Q0 与输入端 D7～D0 的状态无关，不会随着输入端的变化而变化，即使输入端没有数据，输出端仍有数据。

3. 功能表

表 3-1 所示为 74HC573 的功能表，由表可知 74HC573 可以实现以下 3 种功能：

(1) 高阻状态。当 $\overline{OE} = 1$ 时，锁存使能端 LE 和输入端 D7～D0 不起作用，输出端 Q7～Q0 为高阻状态。

(2) 传送状态。当 $\overline{OE} = 0$ 时，三态门打开；当 LE = 1 时，锁存器为传送状态；Q7～Q0 = D7～D0。

(3) 锁存功能。当 $\overline{OE} = 0$ 并且 LE = 0 时，锁存器为锁存状态；输出端 Q7～Q0 锁存的是最后一次传送至输出端的数据。

表 3-1　74HC573 功能表

使　能　端		输　　入	输　　出	功　能
$\overline{OE}$	LE	D	Q	
1	×	×	Z	高阻
0	1	0	0	传送 0
0	1	1	1	传送 1
0	0	×	Q 原	锁存

×：任意　　　Z：高阻

4．逻辑符号

74HC573 的逻辑符号如图 3-5(b)所示，图上只需体现信号的传递关系，即集成电路的逻辑功能。画电路原理图时，最好用逻辑符号图，直观明了。引脚图与实物一一对应，一般在制作电路时使用。

【随堂练习 3-1】

(1) 三态门传送信号时，应工作于何种状态？

(2) 用 74HC573 锁存数据 0X54，画出电路图，简述锁存过程。

3.2.2　8×8 点阵硬件设计

图 3-6 所示为 8×8LED 点阵硬件电路图。如图中所示，用 74HC573(1)作为行驱动，74HC573(2)作为列驱动。74HC573 在传送数据时，需要一直打开三态门，即 $\overline{OE}$ =0。

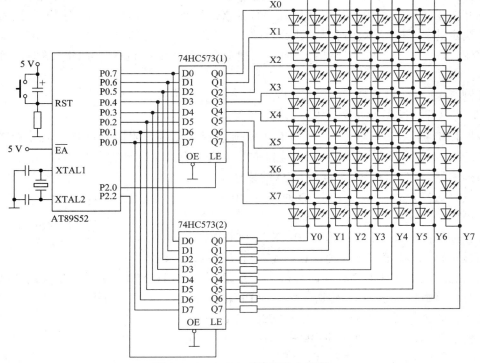

图 3-6　8×8LED 点阵硬件电路图

由于 74HC573 的锁存功能，两片 74HC573 的并行数据口 D7～D0 可共用一个 8 位的 I/O 端口，为其分配单片机的 P0 口，其中数据口的最高位 P0.7 接 X0、Y0，写代码时要注意这一点。

芯片 74HC573(1)的锁存使能端 LE 与 P2.0 相连，74HC573(2)的锁存使能端 LE 与 P2.2 相连，在两个锁存使能端的作用下，两片 74HC573 轮流传送代码并锁存至行线与列线，从而点亮相关 LED。编程时，数据口 P0 采用字节寻址，锁存使能端采用位寻址，定义如下：

```
sbit    XLE=P2^0;
sbit    YLE=P2^2;
```

3.3 显示 8×8 图片软件设计

3.3.1 扫描 8×8 点阵

1. 点亮一个像素

动态扫描点阵可以采用行扫描或列扫描方式，根据编程的简易程度选择其中的一种。如图 3-6 所示电路，用 74HC573 作为行驱动与列驱动时，行扫描与列扫描的编程难度是一样的，后面所有显示效果均采用行扫描。

行扫描是指每次只能选中一行，所有的行轮流点亮。行代码的作用是在点阵中选中一行，称其为扫描码；再由列代码决定选中行像素的亮灭，称其为显示码(字模)。扫描码是由硬件决定的，不管显示任何内容都是一样的；而显示码是由显示的图片决定的，是随显示内容变化的。当扫描的速度足够快时，在视觉上，所有行是同时显示的，这时即可观察到显示内容。

【例 3-1】   点亮图 3-6 中行 X2 与列 Y3 交点处的 LED。

(1) 写出行扫描码与列显示码。

根据 LED 的工作原理，只有当 LED 正偏(阳极接高电位、阴极接低电位)时才能够被点亮。在图 3-6 中，每个 LED 的阳极连接的是行线，阴极连接的是列线，简单地说，就是"行阳列阴"，这 4 个字才是点亮 LED 的依据。

在点亮 X2 与 Y3 交点处的 LED 时，行 X0～X7 中，只有 X2 为 1，其余的行均为 0；列 Y0～Y7 中，只有 Y3 为 0，其余的列均为 1；代码为

行扫描码：P0 = P0.7～P0.0 = X0～X7 = 00100000 = 0X20

列显示码：P0 = P0.7～P0.0 = Y0～Y7 = 11101111 = 0xEF

(2) 通过 74HC573 的锁存使能端传送并锁存代码。74HC573 首先传送所需的数据，在 LE = 1 时，将数据送至 P0 口传送；然后使 LE = 0，锁存之前传送的数据。

先传送并锁存行：XLE = 1；P0 = 0X20；XLE = 0；

后传送并锁存列：YLE = 1；P0 = 0XEF；YLE = 0；

(3) 根据上述要点编写源程序。

源程序如下：

```
#include<reg52.h>
#define uchar unsigned char
#define uint unsigned int
sbit    XLE=P2^0;
sbit    YLE=P2^2;
main()
{
     XLE=1;P0=0x20;XLE=0;
     YLE=1;P0=0xEF;YLE=0;
      while(1);
}
```

【随堂练习 3-2】

写出所有行的扫描码。

2．点亮一行中若干像素

【例 3-2】 点亮图 3-6 中 X2Y1、X2Y6 交点处的 LED。

需要点亮的两个 LED 都处于 X2 行，故 X2 行为高电平，其余行为低电平；两个 LED 一个与 Y1 相连、一个与 Y6 相连，故列代码中 Y1、Y6 为低电平，其余列为高电平。代码为

行扫描码：P0 = P0.7～P0.0 = X0～X7 = 00**1**00000 = 0X20

列显示码：P0 = P0.7～P0.0 = Y0～Y7 = 10**1**111**0**1 = 0XBD

源程序如下：

```
#include<reg52.h>
#define uchar unsigned char
#define uint unsigned int
sbit    XLE=P2^0;
sbit    YLE=P2^2;
main()
{
     XLE=1;P0=0x20;XLE=0;
     YLE=1;P0=0xBD;YLE=0;
     while(1);
}
```

【随堂练习 3-3】

(1) 编程点亮行 X3 中左右侧 3 个像素。

(2) 编程点亮行 X7 中所有像素。

3．扫描 8×8 点阵

【例 3-3】 编程先点亮 X0 行中所有像素，延时 500 ms；再点亮 X1 行中所有像素，

延时 500 ms；……依此类推，点亮至 X7 行后，再从 X0 行重新开始。

每行的像素都是全亮，因此每一行像素的列代码都是 00000000，即 0；编程时，只需改变行代码就可以了。

源程序如下：

```
#include<reg52.h>
#define uchar unsigned char
#define uint unsigned int
sbit    XLE=P2^0;
sbit    YLE=P2^2;
void delay(uint    a);
main()
{
    while(1)
    {

            XLE=1;P0=0x80;XLE=0;    YLE=1;P0=0;YLE=0;    delay(50);
            XLE=1;P0=0x40;XLE=0;    YLE=1;P0=0;YLE=0;    delay(50);
            XLE=1;P0=0x20;XLE=0;    YLE=1;P0=0;YLE=0;    delay(50);
            XLE=1;P0=0x10;XLE=0;    YLE=1;P0=0;YLE=0;    delay(50);
            XLE=1;P0=0x08;XLE=0;    YLE=1;P0=0;YLE=0;    delay(50);
            XLE=1;P0=0x04;XLE=0;    YLE=1;P0=0;YLE=0;    delay(50);
            XLE=1;P0=0x02;XLE=0;    YLE=1;P0=0;YLE=0;    delay(50);
            XLE=1;P0=0x01;XLE=0;    YLE=1;P0=0;YLE=0;    delay(50);

    }
}
void delay(uint a)
{
    uint i,j;
    for(i=0;i<a;i++)
    for(j=0;j<1827;j++);
}
```

上述程序运行后，可观察到点阵的每一行轮流点亮，这种效果称之为行扫描。通过行扫描可以检查点阵中每个像素的好坏。

看清楚行扫描的效果之后，将每一行像素点亮的时间缩短为 1 ms，编译下载之后，可观察到所有行是一起亮的，这是由于扫描的速度太快，人的眼睛根本分辨不清楚，这也是动态扫描的本质。

3.3.2　显示 8×8 图片

【例 3-4】　在 8×8 点阵上显示 "X"。

(1) 画出"X"。在省略 LED 的 8 行 8 列上画出要显示的图形，把需要显示像素的交点处涂黑，如图 3-7 所示。

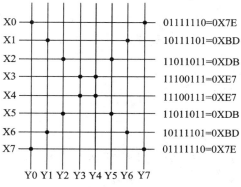

图 3-7　图片"X"

(2) 写出行扫描时所需的显示码。

X0 行显示码：P0 = Y0～Y7 = 01111110 = 0X7E

X1 行显示码：P0 = Y0～Y7 = 10111101 = 0XBD

X2 行显示码：P0 = Y0～Y7 = 11011011 = 0XDB

…

X7 行显示码，P0 = Y0～Y7 = 01111110 = 0X7E

(3) 根据上述代码编程。当扫描点阵的速度足够快时，显示的画面才不会有闪烁感。

源程序如下：

```
#include<reg52.h>
#define uchar unsigned char
#define uint unsigned int
sbit    XLE=P2^0;
sbit    YLE=P2^2;
void delay(uint    a);
main()
{
    while(1)
    {
        XLE=1;P0=0x80;XLE=0;    YLE=1;P0=0x7E;YLE=0;    delay(1);
        XLE=1;P0=0x40;XLE=0;    YLE=1;P0=0xBD;YLE=0;    delay(1);
        XLE=1;P0=0x20;XLE=0;    YLE=1;P0=0xDB;YLE=0;    delay(1);
        XLE=1;P0=0x10;XLE=0;    YLE=1;P0=0xE7;YLE=0;    delay(1);
        XLE=1;P0=0x08;XLE=0;    YLE=1;P0=0xE7;YLE=0;    delay(1);
        XLE=1;P0=0x04;XLE=0;    YLE=1;P0=0xDB;YLE=0;    delay(1);
        XLE=1;P0=0x02;XLE=0;    YLE=1;P0=0xBD;YLE=0;    delay(1);
        XLE=1;P0=0x01;XLE=0;    YLE=1;P0=0x7E;YLE=0;    delay(1);
```

```
        }
    }
    void delay(uint   a)
    {
        uint   j;
         for(i=0;i<a;i++)
                for(j=0;j<130;j++);
    }
```

【随堂练习 3-4】

在点阵上，显示自己学号的后 2 位，图片的大小为 8×8。

3.3.3　取模软件

1．字模的计算及存放

任意大小的点阵信息在显示时，可由该信息的行数与列数计算出字模包含的字节数，它们之间的关系是：行数×列数/8。

字模包含的所有字节可通过定义一维数组进行存放，且字模一般存放在 ROM 中。

例如，

```
    uchar   code   a[8];          //存放 8×8 点阵信息的字模，8 行×8 列/8 = 8B
    uchar   code   B[64];         //存放 16×32 点阵信息的字模，16 行×32 列/8 = 64B
    uchar   code   C[128];        //存放 32×32 点阵信息的字模，32 行×32 列/8 = 128B
```

2．循环结构

将点阵的扫描码与显示码(字模)用一维数组存放时，可将例 3-4 中显示"X"的程序改为循环结构。程序的结构改动之后，字模可以通过取模软件获取。

```
    #include<reg52.h>
    #define uchar unsigned char
    #define uint unsigned int
    sbit   XLE=P2^0;
    sbit   YLE=P2^2;
    uchar   code   xsaomiao[8];        //扫描码数组声明
    uchar   code   yzimo[8];           //字模数组声明
    void   delay(void);
    main()
    {
        uchar   i;
        while(1)
        {
            for(i=0;i<8;i++)
```

```
                {
                    XLE=1;P0=xsaomiao[i];XLE=0;
                    YLE=1;P0=yzimo[i];YLE=0;
                    delay();
                }
            }
        }
        void    delay(void)
        {
            uint   j;
            for(j=0;j<130;j++);
        }
        uchar code xsaomiao[8]={0x80,0x40,0x20,0x10,0x08,0x04,0x02,0x01};   //扫描码
        uchar code yzimo[8]={0x7E,0xBD,0xDB,0xE7,0xE7,0xDB,0xBD,0x7E};  //字模由取模软件获取
```

3．取模软件 PCtoLCD2002

PCtoLCD2002 软件用于生成显示信息的字模。在生成中英文数字混合的字符串的字模
数据时，还可以选择字体、大小，并且可单独调整每一个文字的长和宽，生成任意形状的
字符；还可以绘制图片，并生成相应的字模数据。

1）打开 PCtoLCD2002 软件

从开始菜单或桌面上启动 PCtoLCD2002 软件。双击 PCtoLCD2002 的图标，启动后主
窗口界面如图 3-8 所示。

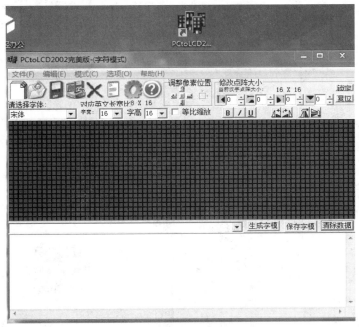

图 3-8　PCtoLCD2002 主窗口

2）画图

（1）新建文件。单击"文件/新建"，出现如图 3-9(b)所示窗口，输入图片的宽度与高度"8"，单击"确定"按钮，显示出 8×8 点阵。

（2）画图。单击鼠标左键，一次画一个像素；按住左键后拖动鼠标，可连续作画。当画错需要修改时，方法类似，换为操作鼠标右键即可。

（3）保存。

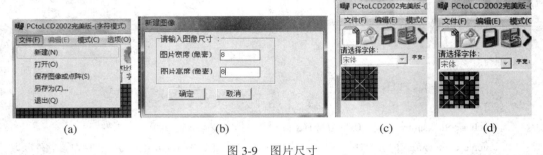

  (a)   (b)   (c)   (d)

图 3-9 图片尺寸

3）设置选项

（1）单击图 3-10(a)中的选项或快捷图标"🔘"，打开字模选项窗口，如图 3-10(a)所示。

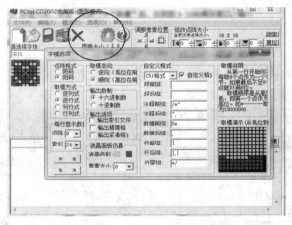

(a)

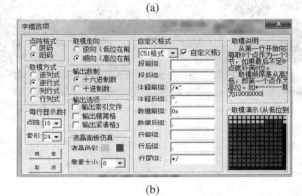

(b)

图 3-10 选项设置

(2) 点阵格式，可选择阴码或阳码两种格式。

阴码：亮点为 1，灭的点为 0；阳码：亮点为 0，灭的点为 1。

(3) 选择取模方式。

取模方式有逐列式、逐行式、列行式、行列式四种。

取模时，每 8 个连续的像素为一个字节，但究竟是一行中的 8 个连续的点，还是一列中 8 个连续的点，就是所谓的取模方式，取模方式与点阵的硬件电路有密切关系。

逐列式从图片或汉字的左上角开始，从上至下，每 8 位二进制数转化为十六进制保存，不够 8 位的补足 8 位，第 0 列取完之后；接着从上至下取第 1 列，取完之后；取第 2 列，…，以此类推，直到图片或汉字的最后一列取完，如图 3-11(a)所示。

逐行式从图片或汉字的左上角开始，从左至右，每 8 位二进制数转化为 16 进制保存，不够 8 位的补足 8 位，第 0 行取完之后；接着从左至右取第 1 行，取完之后；取第 2 行，…，以此类推，直到图片或汉字的最后一行取完，如图 3-11(b)所示。

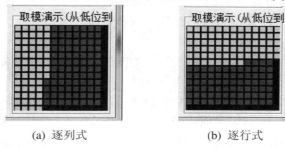

(a) 逐列式　　　　　　(b) 逐行式

图 3-11　取模方式示意图

(4) 取模走向，可选择逆向或顺向。

取模走向是指生成字模时一个字节的 8 位二进制数是先高位还是先低位，逆向是从低位至高位；顺向则是从高位至低位。

取模方式为逐行式时，逆向是指从左至右的 8 位二进制数分别是从低位至高位，顺向则是指从左至右的 8 位二进制数分别是从高位至低位，如图 3-12 所示。容易混淆的是图 3-12 中的取字模示意图都是从低位开始的，与逆向的原则先低位一致，每个字节是从左开始的；与顺向的原则先高位恰好相反，每个字节是从右开始的。

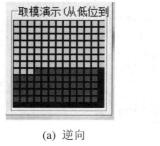

(a) 逆向　　　　　　(b) 顺向

图 3-12　取模走向示意图

(5) 输出数制，一般选取十六进制。

(6) 每行显示数据，有点阵和索引两个数据。

点阵后面的数据是指生成字模后，每行显示的字节数，字模越多，占的行数也就越多；当点阵较大时，可以增加每行的字节数，从而减少字模所占的行数。

索引后的数据与点阵的数据作用类似。

(7) 自定义格式，可选择 A51 或 C51。

选择 C51 时，适用于 C 语言编程。图 3-10(a)所示为自定义格式的初始状态，为了适应 C 编程的格式要求，可删除行前缀的"{"；行后缀删除"}"，但保留","，如图 3-10(b) 所示。

(8) 上述选项设置好后，其他选项默认，然后单击确定。

4．8×8 点阵字模选项

(1) 点阵格式。8×8 点阵编程时采用行扫描，列线的显示码就是要生成的字模，而列线为阴极，所以字模为 0 的时候点亮，最终选取阳码。

(2) 取模方式。编程时，采用行扫描，因此选逐行式。

(3) 取模走向。图 3-6 所示 8×8 点阵电路图中，列线 Y0～Y7 与 P0.7～P0.0 相连，在取模时，一个字节从左至右是先高位后低位，取模走向应选顺向。

(4) 生成字模。

字模选项设置好后，单击"生成字模"。如图 3-13 所示。将生成的字模选中，粘贴到循环结构的源程序中定义数组存放，就可以编译、下载，观看显示效果了。

```
uchar   code   yzimo[8]={0xFF,0x99,0x66,0x7E,0x7E,0xBD,0xDB,0xE6};
/*"C:\Users\Administrator\Desktop\xin.BMP",0*//* (8 X 8 )*/
```

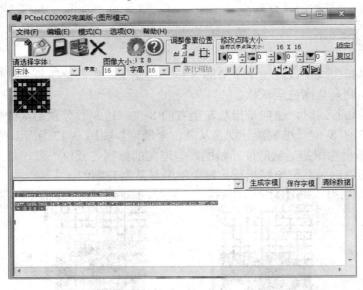

图 3-13　生成字模

【随堂练习 3-5】

(1) 用 PCtoLCD2002 画出一幅 8×8 点阵的图片，并生成相应的字模，然后编程显示。

(2) 点阵格式选择阴码，观看显示效果。

(3) 取模方式选择逐列式，观看显示效果。

(4) 取模走向选择逆向，观看显示效果。

3.4　32×64 点阵硬件设计

3.4.1　32×64 点阵概述

　　32×64 表示点阵的大小为 32 行，每行有 64 列，由 8 块 16×16 的点阵构成，行线接阳极、列线接阴极，编程时仍采用行扫描方式。这些特点均与上述 8×8 相同，只是点阵的面积增大了，一屏内可以显示的最大点阵信息为 32×64，当然也可以显示小于 32×64 的任何点阵信息，如 16×16、32×32、16×8 等，当信息量大时，也可以分多屏显示。现在的大面积点阵都已实现模块化生产，如图 3-14 所示。

图 3-14　点阵模块

　　随着点阵面积的增大，在控制时会出现一些新的问题。32×64 点阵如果仍采用 74HC573 锁存器作为行驱动与列驱动，就需要 32 条行线、64 条列线，共 96 条控制线，而 51 单片机的并行 I/O 口 P0、P1、P2、P3 总共只有 32 条线，远远不能满足要求。

　　32×64 点阵硬件电路设计的基本原则是：减少控制线并提高带负载能力。

　　采用行扫描编程时，行驱动的作用是在所有行中选中一行。为了减少控制线，需要找到一种数字集成电路，该电路的输入端与单片机相连，输出端通过驱动芯片与点阵相连；对于输入的任何一种组合，32 个输出中，每次只能有 1 个输出为高电平，其余的 31 个输出均为低电平，即在 32 条行线中只选中一行，能实现这个功能的电路就是译码器。

　　列驱动的作用是为选中行发送点阵信息的字模，采用串行器件传送字模，可有效地减少控制线。

3.4.2　4 线-16 线译码器 74LS154

1. 概述

　　二进制译码器是指输入为 n 位二进制代码，输出为 2^n 个信号的电路。输入的一个代码只能用一个输出端表示，因此输入又称为地址线。

二进制译码器常见的有 2 线-4 线译码器、3 线-8 线译码器、4 线-16 线译码器，第一个数字表示输入二进制代码的位数，第二个数字表示输出线的个数。这些二进制译码器不同的厂家都有生产，更复杂的 5 线-32 线译码器，6 线-64 线译码器一般不直接生产，而是由比较简单的译码器扩展连接而成。

例如，2 块 4 线-16 线译码器可以构成 5 线-32 线译码器，由 3 线-8 线构成 5 线-32 线译码器，则需要 4 块，由 2 线-4 线构成 5 线-32 线译码器则需要 8 块。如何进行译码器的扩展，是学习的重点也是难点。

2．特点

74LS154 是 TTL 的 74 系列数字集成电路，它可以实现 4 线-16 线译码功能，输入为 4 位二进制代码，16 个输出端为低电平有效。

3．引脚

74LS154 引脚图和逻辑符号图如图 3-15 所示。

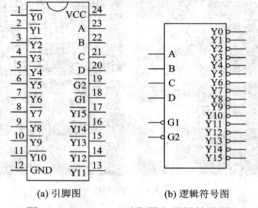

(a) 引脚图   (b) 逻辑符号图

图 3-15　74LS154 引脚图和逻辑符号图

- VCC——电源输入端，5V。
- GND——接地端。
- ABCD——输入端，或地址线。
- $\overline{Y0} \sim \overline{Y15}$——输出端，低电平有效。
- $\overline{G1}$、$\overline{G2}$——使能端，低电平有效。

当 $\overline{G1}$、$\overline{G2}$ 有任何一个处于无效状态时，74LS154 不工作(禁止状态)；只有当 $\overline{G1}$、$\overline{G2}$ 全部有效时，74LS154 才实现译码功能(使能状态)。

4．功能表

表 3-2 所示为 74LS154 的功能表。

(1) 禁止。当 $\overline{G1}=1$ 或 $\overline{G2}=1$ 时，输入 ABCD 不起作用，74LS154 不能译码，$\overline{Y0} \sim \overline{Y15}$ 16 个输出端均为无效电平 1。

(2) 译码。当 $\overline{G1}=\overline{G2}=0$ 时，74LS154 实现译码功能。这时输出取决于输入 ABCD。对于每一个输入代码，$\overline{Y0} \sim \overline{Y15}$ 16 个输出端只有一个为有效电平 0，其余 15 个都为无效电平 1。

表 3-2　74LS154 功能表

使能端		输　入				输　　出															
$\overline{G1}$	$\overline{G2}$	A	B	C	D	$\overline{Y0}$	$\overline{Y1}$	$\overline{Y2}$	$\overline{Y3}$	$\overline{Y4}$	$\overline{Y5}$	$\overline{Y6}$	$\overline{Y7}$	$\overline{Y8}$	$\overline{Y9}$	$\overline{Y10}$	$\overline{Y11}$	$\overline{Y12}$	$\overline{Y13}$	$\overline{Y14}$	$\overline{Y15}$
×	1	×	×	×	×	1	1	1	1	1	1	1	1	1	1	1	1	1	1	1	1
1	×	×	×	×	×	1	1	1	1	1	1	1	1	1	1	1	1	1	1	1	1
0	0	0	0	0	0	0	1	1	1	1	1	1	1	1	1	1	1	1	1	1	1
0	0	0	0	0	1	1	0	1	1	1	1	1	1	1	1	1	1	1	1	1	1
0	0	0	0	1	0	1	1	0	1	1	1	1	1	1	1	1	1	1	1	1	1
0	0	0	0	1	1	1	1	1	0	1	1	1	1	1	1	1	1	1	1	1	1
0	0	0	1	0	0	1	1	1	1	0	1	1	1	1	1	1	1	1	1	1	1
0	0	0	1	0	1	1	1	1	1	1	0	1	1	1	1	1	1	1	1	1	1
0	0	0	1	1	0	1	1	1	1	1	1	0	1	1	1	1	1	1	1	1	1
0	0	0	1	1	1	1	1	1	1	1	1	1	0	1	1	1	1	1	1	1	1
0	0	1	0	0	0	1	1	1	1	1	1	1	1	0	1	1	1	1	1	1	1
0	0	1	0	0	1	1	1	1	1	1	1	1	1	1	0	1	1	1	1	1	1
0	0	1	0	1	0	1	1	1	1	1	1	1	1	1	1	0	1	1	1	1	1
0	0	1	0	1	1	1	1	1	1	1	1	1	1	1	1	1	0	1	1	1	1
0	0	1	1	0	0	1	1	1	1	1	1	1	1	1	1	1	1	0	1	1	1
0	0	1	1	0	1	1	1	1	1	1	1	1	1	1	1	1	1	1	0	1	1
0	0	1	1	1	0	1	1	1	1	1	1	1	1	1	1	1	1	1	1	0	1
0	0	1	1	1	1	1	1	1	1	1	1	1	1	1	1	1	1	1	1	1	0

5. 应用

【例 3-5】　分析图 3-16 所示 74LS154 的应用电路。写出图(a)的输出信号，图(b)的输入信号。

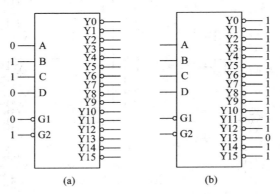

(a)　　　　　　(b)

图 3-16　74LS154 应用电路

在图(a)所示电路中，使能端 $\overline{G2}=1$，为无效电平，74LS154 不能译码，ABCD 虽输入了 0110，但并不起作用，由表 3-2 可知，16 个输出端全部为无效状态 1。

在图(b)所示电路中，输出端$\overline{Y13}=0$，其余的输出端都为 1，据此可知 74LS154 实现了译码功能，且选中输出端$\overline{Y13}$。由表 3-2 可知，当实现译码功能时，先要使$\overline{G1}=\overline{G2}=0$，处于有效状态；再确定输入端 ABCD = 1101。

【随堂练习 3-6】

(1) 画出逻辑符号，功能为 3 线-8 线译码器，输出高电平有效；有 2 使能端，一个高电平有效，一个低电平有效。

(2) 在(1)画出的逻辑符号上，标出选中输出端 Y5 时，所有引脚的状态。

3.4.3 行驱动硬件设计

1. 行驱动硬件设计

32×64 点阵有 32 条行线，并且行线连接的是 LED 的阳极，所以行驱动硬件主要是设计一个 5 线-32 线、输出高电平有效的译码器。

(1) 确定芯片的个数及 32 线输出端。

74LS154 有 16 个输出端，扩展为 32 线译码器时需要 2 片 154。32 线输出由两片 154 的输出端组合而成，其中，154(1)的输出端重新定义为$\overline{Y0}\sim\overline{Y15}$，154(2)的输出端重新定义为$\overline{Y16}\sim\overline{Y31}$。

由于 74LS154 的输出为低电平有效，因此需要通过 32 个非门将 154 的输出转换为高电平有效，再与 32 条行线 X0~X31 相连，如图 3-17(a)所示。

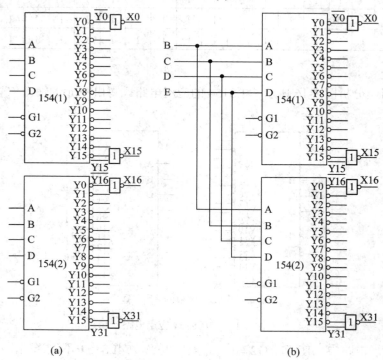

图 3-17　5 线-32 线译码器过程图

(2) 确定 5 线输入端 ABCDE。

① 列出 5 线-32 线译码器功能表。

列出 5 线-32 线译码的功能表，功能表输入端的 32 种组合全部列出，但 32 个输出端并不需要单独列出，而是根据构成它的 154 芯片的个数，将 32 个输出分为 2 列，154(1)的 $\overline{Y0} \sim \overline{Y15}$ 和 154(2)的 $\overline{Y16} \sim \overline{Y31}$，如表 3-3 所示。

表 3-3　5 线-32 线译码低电平有效功能表

A	B A	C B	D C	E D	$\overline{Y0} \sim \overline{Y15}$ (154(1))	$\overline{Y16} \sim \overline{Y31}$ (154(2))
0	0	0	0	0		
0	0	0	0	1		
0	0	0	1	0		
0	0	0	1	1		
0	0	1	0	0		
0	0	1	0	1		
0	0	1	1	0		
0	0	1	1	1	154(1)译码	154(2)禁止
0	1	0	0	0	A=0	
0	1	0	0	1		
0	1	0	1	0		
0	1	0	1	1		
0	1	1	0	0		
0	1	1	0	1		
0	1	1	1	0		
0	1	1	1	1		
1	0	0	0	0		
1	0	0	0	1		
1	0	0	1	0		
1	0	0	1	1		
1	0	1	0	0		
1	0	1	0	1		
1	0	1	1	0		
1	0	1	1	1	154(1)禁止	154(2)译码
1	1	0	0	0		A=1
1	1	0	0	1		
1	1	0	1	0		
1	1	0	1	1		
1	1	1	0	0		
1	1	1	0	1		
1	1	1	1	0		
1	1	1	1	1		

② 确定低 4 位输入 BCDE。

5 线-32 线译码器由 2 个 74LS154 芯片构成，将表 3-3 所示 32 种输入组合分为 2 组，也就是找到两片 154 输入的 16 个代码(0000～1111)，共有 2 组。

观察表 3-3，可以看出两组 0000～1111 都出现在 5 线输入的低 4 位 BCDE 处，它的前 16 行为第一组 0000～1111，后 16 行为第 2 组 0000～1111，同时送给 2 片 154 的输入 ABCD。也就是说，将 2 个 154 芯片的输入端 A 并联后，作为 5 线输入的 B；将 2 个 154 芯片的输入端 B 并联后，作为 5 线输入的 C；…，即 5 线的低 4 位 BCDE = 154 的 ABCD，如图 3-17(b)所示。

译码器的扩展电路图较为复杂，画图时最好结合原理一步一步画，每一条线尽可能保证不出错，节点也是必不可少的。

③ 确定最高位 A。

首先，5 线-32 线译码器任何时刻都只能有一个输出端处于有效状态，因此 2 片 154 绝对不能同时译码，一个译码的同时另一个只能禁止。

表 3-3 中，前 16 种组合 00000～01111 分别选中 $\overline{Y0}$～$\overline{Y15}$ 中的一个输出端，$\overline{Y16}$～$\overline{Y31}$ 均为无效状态；而后 16 种组合 10000～11111 分别选中 $\overline{Y16}$～$\overline{Y31}$ 中的一个输出端，$\overline{Y0}$～$\overline{Y15}$ 均为无效状态。据此可知，前 16 行 A = 0 时，154(1)译码、154(2)禁止；后 16 行 A = 1 时，154(2)译码、154(1)禁止。

其次，5 线-32 线译码器低 4 位输入 BCDE，由 2 个 154 的 ABCD 并联而成，那么最高位输入端 A 只能与 154 的使能端相连。

最后，在 154 译码时，确定 A 的连接方式。

154(1)在 A = 0 时译码，所以 A 应连接至 154(1)的低电平有效的使能端 $\overline{G1}$。

154(2)在 A = 1 时译码，所以 A 应接 154(2)的高电平有效的使能端，但是 154 没有高电平有效的使能端，只能通过非门取反后，再连接至 154(2)的 $\overline{G1}$，如图 3-18(a)所示。

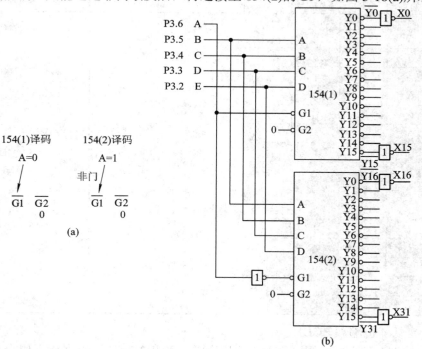

图 3-18　5 线-32 线译码器

④ 处理多余的使能端。

2 片 154 芯片上未使用的使能端 $\overline{G2}$ 一般不能悬空，应接使其有效的固定状态 0。这样 154 才能够在需要时实现译码功能。到这里，5 线-32 线译码器就全部连接完成了，如图 3-18(b)所示。

(3) 分配端口。

将 P3.6～P3.2 分别分配给 5 线输入 ABCDE，编程时采用位寻址，定义为

```
sbit XA=P3^6;
sbit XB=P3^5;
sbit XC=P3^4;
sbit XD=P3^3;
sbit XE=P3^2;
```

【随堂练习 3-7】

用 3 线-8 线译码器(使能端 E1 和 $\overline{E2}$)，构成 4 线-16 线译码器。

2．行扫描函数

行扫描时，根据行号从 32 条行线中每次只选中一行，编程时，需将行号转换为 5 位二进制数，通过 P3.6～P3.2 端口送至 5 线-32 线译码器的输入端 ABCDE， 由 5 线-32 线译码器译码后选中其中一行。

由 32 分支程序实现将行号转换为译码器的 5 位输入。

源代码如下：

```
/*函数名：xsaomiao( )
作用：选中行 x。将行号 x 转换为 5 位二进制数，送至 5 线-32 线译码器的输入端 ABCDE。
入口参数：形参 x：存放待选中行的行号，范围从 0～31。
出口参数：无。
*/
void    xsaomiao(uchar    x)
{
        switch(x)
        {
                case 0:     XA=0;    XB=0;    XC=0;    XD=0;    XE=0;    break;
                case 1:     XA=0;    XB=0;    XC=0;    XD=0;    XE=1;    break;
                case 2:     XA=0;    XB=0;    XC=0;    XD=1;    XE=0;    break;
                case 3:     XA=0;    XB=0;    XC=0;    XD=1;    XE=1;    break;
                case 4:     XA=0;    XB=0;    XC=1;    XD=0;    XE=0;    break;
                case 5:     XA=0;    XB=0;    XC=1;    XD=0;    XE=1;    break;
                case 6:     XA=0;    XB=0;    XC=1;    XD=1;    XE=0;    break;
                case 7:     XA=0;    XB=0;    XC=1;    XD=1;    XE=1;    break;
                case 8:     XA=0;    XB=1;    XC=0;    XD=0;    XE=0;    break;
```

case 9:	XA=0;	XB=1;	XC=0;	XD=0;	XE=1;	break;
case 10:	XA=0;	XB=1;	XC=0;	XD=1;	XE=0;	break;
case 11:	XA=0;	XB=1;	XC=0;	XD=1;	XE=1;	break;
case 12:	XA=0;	XB=1;	XC=1;	XD=0;	XE=0;	break;
case 13:	XA=0;	XB=1;	XC=1;	XD=0;	XE=0;	break;
case 14:	XA=0;	XB=1;	XC=1;	XD=1;	XE=0;	break;
case 15:	XA=0;	XB=1;	XC=1;	XD=1;	XE=1;	break;
case 16:	XA=1;	XB=0;	XC=0;	XD=0;	XE=0;	break;
case 17:	XA=1;	XB=0;	XC=0;	XD=0;	XE=1;	break;
case 18:	XA=1;	XB=0;	XC=0;	XD=1;	XE=0;	break;
case 19:	XA=1;	XB=0;	XC=0;	XD=1;	XE=1;	break;
case 20:	XA=1;	XB=0;	XC=1;	XD=0;	XE=0;	break;
case 21:	XA=1;	XB=0;	XC=1;	XD=0;	XE=1;	break;
case 22:	XA=1;	XB=0;	XC=1;	XD=1;	XE=0;	break;
case 23:	XA=1;	XB=0;	XC=1;	XD=1;	XE=1;	break;
case 24:	XA=1;	XB=1;	XC=0;	XD=0;	XE=0;	break;
case 25:	XA=1;	XB=1;	XC=0;	XD=0;	XE=1;	break;
case 26:	XA=1;	XB=1;	XC=0;	XD=1;	XE=0;	break;
case 27:	XA=1;	XB=1;	XC=0;	XD=1;	XE=1;	break;
case 28:	XA=1;	XB=1;	XC=1;	XD=0;	XE=0;	break;
case 29:	XA=1;	XB=1;	XC=1;	XD=0;	XE=1;	break;
case 30:	XA=1;	XB=1;	XC=1;	XD=1;	XE=0;	break;
case 31:	XA=1;	XB=1;	XC=1;	XD=1;	XE=1;	break;

```
        }
    }
```

【随堂练习 3-8】

(1) 写出函数 xsaomiao()的声明与调用。

(2) 建立源程序框架，并录入行扫描函数。

3.4.4   8 位移位寄存器 74LS595

32×64 点阵的列线上传送的是选中行点阵信息的字模。为了减少控制线，需采用串行方式发送这些字模，74LS595 移位寄存器可以实现数据的串行传送。

1. 特点

74LS595 是 8 位移位寄存器/存储器，可以实现数据的串行输入，输出可以是串行输出或并行输出，输出为三态结构，驱动电流可达 35 mA，其优点是具有数据存储功能，在数据移位的过程中，输出端的数据可以保持不变，主要应用于点阵屏。

2．内部结构

74LS595 的内部结构如图 3-19 所示，它由 8 位移位寄存器、8 位存储器和 8 个三态门三级电路组成，每一级都可以进行单独地控制。

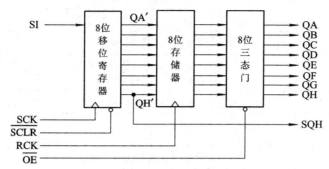

图 3-19　74LS595 内部结构图

74LS595 的数据传送方式有两种：

(1) 从 SI 输入，QA～QH 输出时，为串行输入—并行输出方式，简称为串入-并出；

(2) 从 SI 输入，SQH 输出时，为串行输入—串行输出方式，简称为串入-串出。

3．引脚

• VCC—电源输入端，5 V。

• GND—接地端。

• SI—串行数据输入端。

• QA～QH—并行数据输出端，是最后一级三态门的输出端。

• SQH—串行数据输出端，由图 3-19 内部结构图可知，SQH 与第一级 8 位移位寄存器的并行输出端 QH′ 相同。

• $\overline{\text{OE}}$ —输出使能端，低电平有效。

• $\overline{\text{SCLR}}$ —串行数据清零端，低电平有效。

• SCK—串行移位时钟，上升沿有效。

• RCK—存储时钟，上升沿有效。

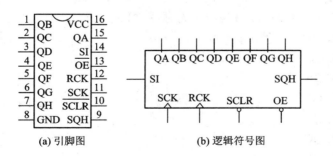

(a) 引脚图　　　　　　　　　(b) 逻辑符号图

图 3-20　74LS595 引脚图和逻辑符号图

4．功能表

74LS595 的功能表如表 3-4 所示。

表 3-4　74LS595 功能表

$\overline{SCLR}$	$\overline{OE}$	SCK	RCK	SI	功　能	备　注
	1				QA～QH 高阻	三态门
	0				QA～QH 输出并行数据	
0		×		×	8 位移位寄存器清 0	8 位移位寄存器
1		↑		1	SI 的 1 移入移位寄存器，移位的方向 SI→QA′ … →QH′(SQH)	
1		↑		0	SI 的 0 移入移位寄存器，移位的方向同上	
1		↓、0、1		×	8 位移位寄存器保持	
			↑		8 位存储器接收数据	8 位存储器
			↓、0、1		8 位存储器保持	

在表 3-4 中，74LS595 所能实现的功能是按照 8 位移位寄存器、8 位存储器、8 个三态门列出的。

(1) 8 个三态门。

当 $\overline{OE}$ =0 时，三态门打开，QA～QH 并行输出 8 位数据；当 $\overline{OE}$ =1 时，三态门禁止，QA～QH 为高阻状态。

(2) 8 位存储器。

在 RCK 上升沿到来时，8 位存储器接收前一级的并行输出信号，并保存；在 RCK 为高电平、下降沿或低电平时，8 位存储器处于保持状态。

(3) 8 位移位寄存器。

当 $\overline{SCLR}$ =0 时，第一级 8 位移位寄存器清零，与后面存储器、三态门无直接关系；当 $\overline{SCLR}$ =1 时，8 位移位寄存器可以进行移位，实现数据的串行传送。

移位寄存器在移位时钟 SCK 的作用下，串行接收数据并移位。

在 SCK 上升沿到来时，8 位移位寄存器串行接收新的数据并实现数据移位；在 SCK 为高电平、下降沿或低电平时，8 位移位寄存器处于保持状态。

在 SCK 加入 1 个上升沿时，8 位移位寄存器中数据的移位方向为

QG′ 移入 QH′(SQH)

QF′ 移入 QG′

QE′ 移入 QF′

QD′ 移入 QE′

QC′ 移入 QD′

QB′ 移入 QC′

QA′ 移入 QB′

SI 移入 QA′

在一个上升沿的作用下，接收 1 位新数据的同时，原有的数据同时向高位移动，所以移位寄存器均为同步时序电路。

【例3-6】 串行传送一个字节的数据0xa9，先传送低位、后传送高位，列出移位表。

0xa9=10101001，从 SI 串行输入时，在第 1 个上升沿时，先传送位 0 的 1；在第 2 个上升沿时，传送位 1 的 0；在第 3 个上升沿时，传送位 2 的 0；…。串行输入的次序为 10010101，圈起来后，如表 3-5 中 SI 列所示。

在 SCK 经过 8 个上升沿后，串行输入的 8 位数据同时从 QA′～QH′ 并行输出，至此实现 8 位数据的串行输入—并行输出。由于先串入的 0xa9 的位 0，结合 74LS595 的移位方向，位 0 在经过 8 个上升沿后，移位至了 QH′；而 0xa9 的位 7 移位至了 QA′；即 QA′～QH′ = 10101001 = 0xa9。

如果实现串行输出，还需要继续移位，这时没有新的数据，可以再移入 8 个 0，从第 8 个上升沿至第 15 个上升沿，分时串行输出 10010101，与 0xa9 是反序的，仍是由于先串入的是最低位。

在第 16 个上升沿到来时，所有数据全部移出，74LS595 也实现了移位清 0。

表 3-5　74LS595 移位表

SCK	SI	QA′	QB′	QC′	QD′	QE′	QF′	QG′	SQH
	0	0	0	0	0	0	0	0	0
1↑	1	1	0	0	0	0	0	0	0
2↑	0	0	1	0	0	0	0	0	0
3↑	0	0	0	1	0	0	0	0	0
4↑	1	1	0	0	1	0	0	0	0
5↑	0	0	1	0	0	1	0	0	0
6↑	1	1	0	1	0	0	1	0	0
7↑	0	0	1	0	1	0	0	1	0
8↑	1	1	0	1	0	1	0	0	1
↑	0	0	1	0	1	0	1	0	0
↑	0	0	0	1	0	1	0	1	0
↑	0	0	0	0	1	0	1	0	1
↑	0	0	0	0	0	1	0	1	0
↑	0	0	0	0	0	0	1	0	1
↑	0	0	0	0	0	0	0	1	0
↑	0	0	0	0	0	0	0	0	1
16↑	0	0	0	0	0	0	0	0	0

【例 3-7】 利用 74LS595 的串入-并出方式，传送一个字节的数据，先传送低位、后传送高位，写出步骤并画出电路图。

步骤：

(1) 串行输入一个字节至移位寄存器。

当 $\overline{SCLR}$ = 1 时，清零无效，74LS595 串行接收数据。

① 位 0 送至 SI。

② 在 SCK 加入一个上升沿时，SI 移入 QA′，其余位原值依次向高位移位。

重复 8 次，依次输入位 0～位 7，在 SCK 第 8 个上升沿到来时，在 QA′～QH′并行输出一个字节。

(2) 将数据传送至 8 位存储器。

在 RCK 加入一个上升沿时，8 位存储器并行接收 8 位移位寄存器输出的数据。

(3) 打开三态门。

当 $\overline{OE}=0$ 时，8 个三态门打开，将 8 位存储器的数据传送至并行输出端 QA～QH。

在串入-并出传送数据时，$\overline{SCLR}$、$\overline{OE}$ 接固定电平，主要控制的是 SI、SCK、RCK，SCK 每加入 8 个上升沿，串行接收 8 位数据后，RCK 加入 1 个上升沿，将 8 位数据向输出级传送。电路如图 3-21 所示。

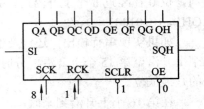

图 3-21　74LS595 串入-并出电路图

3.4.5　列驱动硬、软件设计

1. 列驱动硬件设计

列驱动电路通过串行输入—并行输出的方式，串行传送选中行的字模。由于点阵有 64 条列线，因此需要构成一个可以串入—并出的 64 位移位寄存器。

1) 确定芯片的个数及输出线

74LS595 为 8 位移位寄存器，构成 64 位移位寄存器需要 8 片 595。8 片 595 的输出引脚重新定义，595(1)的输出定义为 Q0～Q7，595(2)的输出定义为 Q8～Q15，…，5957 的输出定义为 Q48～Q55，595(8)的输出定义为 Q56～Q63，Q0～Q63 与 32×64 点阵的 64 条列线 Y0～Y63 相连，如图 3-22 所示。

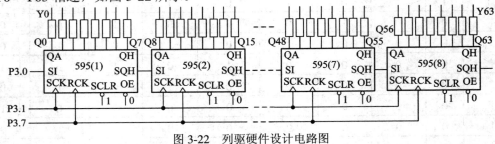

图 3-22　列驱硬件设计电路图

2) 确定 595 的工作方式

(1) 确定 595 级间方式。64 位移位寄存器在 1 个移位时钟到来时，64 位要同步移位一次。在图 3-22 中，595(1)实现 Q0′～Q7′之间数据的移位，595(2)实现 Q8′～Q15′之间数据的移位，…，595(7)实现 Q48′～Q55′，595(8)实现 Q56′～Q63′之间数据的移位。现在的问题是，如何使数据在相邻的两片 595 之间移位，即前一片的最高位移入后一片的最低位。例如，Q7′原来的数据移入 Q8′，Q15′原来的数据移入 Q16′，类似地，Q23′移入 Q24′、Q31′移入 Q32′、Q39′移入 Q40′、Q47′移入 Q48′、Q55′移入 Q56′。

现以 Q7′移入 Q8′为例进行分析。

Q7′是芯片 595(1)移位寄存器最高位的输出端，Q8′是芯片 595(2)移位寄存器最低位的输出端，结合内部结构图与移位方向可知：

对于 595(1)而言，Q7′ = QH′ = SQH。

对于 595(2)而言，Q8′ = QA′ = SI。

将 Q7′原来的数据移入 Q8′，即使 Q8′ = Q7′。

所以，SI=SQH。

分析了这么多，在电路图上就是将前一片的串行数据输出端 SQH，与后一片的串行数据输入端相连，工作于串入-串出方式，如图 3-22 所示。

(2) 确定每片 595 的工作方式。为了减少控制端口，字模数据要串行输入，而点阵在显示时，一行的字模数据又要同时作用于列线，所以每一片 595 应工作于串入—并出方式。因此每一片 595 应作如下设置：

① 当 $\overline{SCLR}$ = 1 时，595 不清 0。

② 当 $\overline{OE}$ = 0 时，打开三态门，可以传送数据。

③ SCK 并联。8 片 595 的 SCK 受同一个信号控制，实现同步 64 位移位寄存器。在加入 64 个上升沿后，Q0′～Q63′全部更换为新的数据。

④ RCK 并联，8 片 595 的 RCK 也受同一个信号控制，实现同步 64 位存储器。在加入 1 个↑后，经过三态门使 Q0～Q63 得到更新。

完整的列驱动硬件电路图如图 3-22 所示。

64 位移位寄存器工作时，先在 64 个 SCK 移位时钟的作用下，将 64 位数据移入第 1 级的 64 位移位寄存器，再在 1 个 RCK 存储时钟的作用下，将 64 位数据存至第 2 级的 64 位存储器，并通过打开的三态门输出至 64 个并行输出端。

完整的硬件电路图如图 3-23 所示。

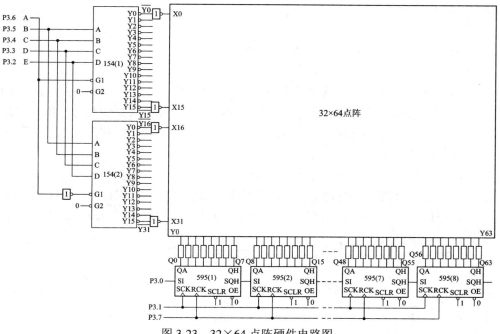

图 3-23　32×64 点阵硬件电路图

3) 分配端口

将 P3.0 分配给 SI，P3.1 分配给 SCK，P3.7 分配给 RCK。采用位寻址，分别定义为

```
sbit    SI = P3^0 ;
sbit    SCK= P3^1 ;
sbit    RCK= P3^7;
```

2．列驱动软件设计

1) 二进制数的拆分

串行传送数据时，每次只能传一位，需将一个多位的二进制数拆分为多个一位二进制数。待拆分的多位二进制数为 X 时，步骤如下：

(1) 将数 X 和一个常量按位与。保留多位数 X 中指定的一位，其余位都变为 0。

确定常量值的方法：对应 X 中保留的位，该常量的对应位为 1，其余位为零，再将该常量转换成十六进制数。

【例 3-8】 X = 0xae，保留 X 的位 2 或位 0，写出表达式。

X = 0xae = 10101110，数 X 中的位 2 = 1，位 0 = 0。

保留位 2 时，与 X 按位与的常量的位 2 为 1，其余位为 0，则该常量为 00000100 = 0x04；表达式为 X &0x40 = 10101110&00000100 = 00000100 = 0x04。

保留位 0 时，与 X 按位与的常量的位 0 为 1，其余位为 0，则该常量为 00000001 = 0x01；表达式为 X &0x01 = 10101110&00000001 = 00000000 = 0。

(2) 根据第一步的运算结果，判断保留的一位是 0 还是 1。

分析【例 3-8】的结果可知，当按位与的结果为非零时(真)，表示保留位是 1；当按位与的结果为 0 时，表示保留位是 0。因此，可以用 if 语句判断表达式的运算结果，获知保留位的状态。例如：

```
if(y&0x01)          SI=1;
else                SI=0;
```

2) 列函数

32×64 点阵在一屏内，可以显示满屏 32×64 的点阵信息，也可以显示小于 32×64 的任意点阵的信息，这时每一行字模有多少个字节，是根据显示信息变化的，但肯定都是以字节为单位的，为了便于控制，在列函数中只实现一个字节的串行移入，然后根据显示信息的大小决定调用列函数的次数。

串行传送一个字节的数据，需要将其拆分为 8 个一位二进制数，传送 8 次。由于取模时，取模走向设置为顺向，因此在串行发送一个字节时，应先传送位 0，这样在经过 8 次移位后，最先移入的位 0，才能够移至一片 595 的 QH′，用以控制点阵中选中行每 8 列的最右一列，与取模走向一致。

源代码如下：

```
/*
函数名：yzimo()
作用：串行移入一个字节的数据至一片 595 的 8 位移位寄存器。
```

入口参数：形参 y：待移入的一个字节数据。

出口参数：无。

```
*/
void  yzimo(uchar  y)
{
    uchar   i;
    for(i=0;i<8;i++)              //一个字节分 8 次串行输入
    {
        SCK=0;                   //移位时钟起始电平
        if(y&0x01) SI=1;         //取出变量 y 的位 0，并送至 SI
        else   SI=0;
        SCK=1;                   //移位时钟上升沿
        y=y>>1;                  //修正 y，为后续取出位 1～位 7 作准备
    }
}
```

　　每次执行循环体时，给 SI 送的都是变量 y 的位 0，但实际上，只有第一次执行循环体时，送位 0；第二次执行循环体时，送的是位 1；依此类推，每次都不一样，在循环体的最后，通过右移一位修正变量 y，可使后续取出的位 0，实际上是位 1～位 7。

【随堂练习 3-9】

(1) 将 74LS595 扩展为 16 位移位寄存器，画出电路图。

(2) 已知 x=0x82，计算表达式 x&0xf0、x&0x80、x<<2。

(3) 写出 yzimo 函数的声明与调用。

3.5　32×64 点阵软件设计

3.5.1　第一行 16×16 信息显示

　　如图 3-1 所示，在 32×64 点阵第一行显示"单片机"，字的大小为 16×16。

1. 取模并存放

(1) 分析待显示信息与点阵屏的关系。

　　在 32×64 点阵上，全部显示 16×16 点阵信息时，一屏最多可以显示 32/16＝2 行，每行 64/16＝4 列，共计 2 行×4 列＝8 个 16×16 点阵信息。

　　(2) 取出显示信息的字模并存放。

　　16×16 点阵信息的字模为 16×16/8＝32B。在取模方式为"逐行式"时，表示一个信

息共有 16 行、每行 2 个字节。

在 PCtoLCD2002 取模软件中，选择模式→字符模式，字模选项见 3-10(b)，输入"单片机"，并选择字体、加粗等后，单击生成字模，将所有字模全选粘贴到源程序中，并定义数组存放。例如：

```
uchar   code   dan[32];        //数组声明，源程序开始处
uchar   code   dan[32]={      //数组赋初值，源程序最后
0xFF,0xFF,0xFF,0xDF,0xFB,0xBF,0xFD,0xBF,0xF6,0x0F,0xF0,0xEF,0xF6,0x0F,0xF0,0xEF,
0xF6,0x0F,0xF8,0xFF,0xFE,0xE1,0xC0,0x1F,0xFE,0xFF,0xFE,0xFF,0xFE,0xFF,0xFF,0xFF};
/*"单",0*//* (16 X 16，仿宋)*/
```

存放字模时注意：建议数组的声明写在源程序开始处，赋初值放在源程序的最后；每个汉字定义一个数组存放；数组名用显示信息的汉语拼音；一个字模多次使用，只取一次字模；同音不同形的字不能重名；修改格式符合数组的要求。

2．编写函数

采用行扫描编程在第一行显示 16×16 点阵信息时，编程步骤如下：

(1) 由 for(i=0;i<16;i++)实现 16 行的扫描。

(2) 执行 16 次的循环体中，实现选中行 4 个 16×16 点阵字模的串行发送。

传送 16×16 点阵每行 2 字节的字模时，由 for(j=1;i>=0;j--)实现，采用 j-- 是由于，在图 3-22 中，先移入的字节控制 16×16 点阵右侧的显示，后移入的字节控制 16×16 点阵左侧的显示；再结合取模方式"逐行式"，点阵右侧字节在数组中的下标大，左侧字节在数组中的下标小，只有采用 j--，才能够真实地还原点阵信息。例如，一行 2 个字节为 {0xFF, 0xDF}时，先移入 0xDF，后移入 0xFF；在图 3-22 中，0xdf 在 595(2)中，0xFF 在 595(1)中。

在 for(j=1;i>=0;j--)的循环体中，调用列函数"yzimo(tab1[i*2+j]);"发送一个字节。数组 tab1 的下标从 0～31，将其转换为由行变量 i 和列变量 j 共同控制时，用表达式(i*2+j)表示。

4 个 16×16 点阵的字模存放在数组 tab1[]～tab4[]中，第一个 for(j=1;i>=0;j--)，将 tab1[]中选中行的字模，移入 595(1)和 595(2)；第二个 for(j=1;i>=0;j--)，将 tab2[]中选中行的字模，移入 595(1)和 595(2)，而之前移入的 tab1[]的字模，移至 595(3)和 595(4)；…，重复 4 次，在 64 个 SCK 时钟的作用下，选中行 4 个 16×16 点阵的字模，全部移入 8 片 595 的第一级移位寄存器。

(3) 送存储时钟 RCK，选中行的字模存至 8 片 595 第二级的存储器中，通过打开的三态门送至 64 条列线上。

第一行 16×16 点阵信息源代码如下：

```
/*函数名：diyihang16x16()
作用：在 32×64 点阵屏的第一行显示 4 个 16×16 的点阵信息。
入口参数：
形参 tab4[]：存放 16×16 点阵字模，显示在第一行从左数第 1 个位置。
```

形参 tab3[]：存放 16×16 点阵字模，显示在第一行从左数第 2 个位置。

形参 tab2[]：存放 16×16 点阵字模，显示在第一行从左数第 3 个位置。

形参 tab1[]：存放 16×16 点阵字模，显示在第一行从左数第 4 个位置。

出口参数：无

*/

```
void   diyihang16x16(uchar  tab1[],uchar  tab2[],uchar  tab3[],uchar  tab4[])
{
    char i,j;
    for(i=0;i<16;i++)
    {
        RCK=0;
        for(j=1;j>=0;j--) yzimo(tab1[i*2+j]);
        for(j=1;j>=0;j--) yzimo(tab2[i*2+j]);
        for(j=1;j>=0;j--) yzimo(tab3[i*2+j]);
        for(j=1;j>=0;j--) yzimo(tab4[i*2+j]);
        RCK=1;
        xsaomiao(i);
        _nop_();
    }
}
```

函数"_nop_();"的作用是延时 1us，该函数的原形在头文件 intrins.h 中。

在 32×64 点阵屏的第一行，从左至右显示"单片机"时，函数 diyihang16x16() 的调用语句为

diyihang16x16(mie,ji,pian,dan);

第一个实参数组 mie，是由于显示"单片机"时，最右侧缺少一个字，数组 mie 的内容为全灭的代码 0xff，共 32B。在需要时，可移入数组 mie 的内容，满足显示需求。

3．源程序

32×64 点阵屏在显示 16×16 点阵信息时，采用行扫描，由 4 重循环组成。

最外层循环是由 while(1) 构成，对点阵进行无数遍扫描，在 while(1) 的循环体内，实现 16×16 点阵信息的一遍扫描；

第二层循环由 for(i=0;i<16;i++) 构成，表示待显示的点阵信息共有 16 行，在第二层的循环体内，完成一行字模的发送；

第三层循环由 4 个 for(j=1;j>=0;j--) 构成，完成一行 4 个 16×16 点阵信息共 8B 字模的串行发送；

最内层的循环由 for(i=0;i<8;i++) 构成，实现一个字节的串行发送。

在 main() 中只能看到 while(1) 循环，其他的循环是通过函数调用实现的；在 while(1) 的循环体中，调用函数 diyihang16x16()，完成每一遍 16 行的扫描；在 diyihang16x16() 中调用

函数 xsaomiao()选中一行,以及 8 次调用函数 yzimo()完成每行 8B 字模的发送;最后在函数 yzimo()中,完成一个字节的串行发送。函数调用关系如图 3-24 所示。

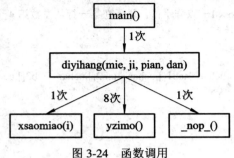

图 3-24 函数调用

源程序如下:

```c
#include    <reg51.h>
#include    <intrins.h>
#define    uchar    unsigned    char
#define    uint    unsigned    int
sbit    XA=P3^6;
sbit    XB=P3^5;
sbit    XC=P3^4;
sbit    XD=P3^3;
sbit    XE=P3^2;
sbit    SI=P3^0;
sbit    SCK=P3^1;
sbit    RCK=P3^7;
uchar    code    dan[32];
uchar    code    pian[32];
uchar    code    ji[32];
uchar    code    mie[32];
void    xsaomiao(uchar    x);
void    yzimo(uchar    y);
void    diyihang16x16(uchar    tab1[],uchar    tab2[],uchar    tab3[],uchar    tab4[]);
main()
{
    while(1)
    {
        diyihang16x16(mie,ji,pian,dan);
    }
}
void    diyihang16x16(uchar    tab1[],uchar    tab2[],uchar    tab3[],uchar    tab4[])
```

```
    {
        char i,j;
        for(i=0;i<16;i++)
        {
            RCK=0;
            for(j=1;j>=0;j--)  yzimo(tab1[i*2+j]);
            for(j=1;j>=0;j--)  yzimo(tab2[i*2+j]);
            for(j=1;j>=0;j--)  yzimo(tab3[i*2+j]);
            for(j=1;j>=0;j--)  yzimo(tab4[i*2+j]);
            RCK=1;
            xsaomiao(i);
            _nop_();
        }
    }
void xsaomiao(uchar   x)
    {
        switch(x)
        {
            case 0:    XA=0;    XB=0;    XC=0;    XD=0;    XE=0;    break;
            case 1:    XA=0;    XB=0;    XC=0;    XD=0;    XE=1;    break;
            case 2:    XA=0;    XB=0;    XC=0;    XD=1;    XE=0;    break;
            case 3:    XA=0;    XB=0;    XC=0;    XD=1;    XE=1;    break;
            case 4:    XA=0;    XB=0;    XC=1;    XD=0;    XE=0;    break;
            case 5:    XA=0;    XB=0;    XC=1;    XD=0;    XE=1;    break;
            case 6:    XA=0;    XB=0;    XC=1;    XD=1;    XE=0;    break;
            case 7:    XA=0;    XB=0;    XC=1;    XD=1;    XE=1;    break;
            case 8:    XA=0;    XB=1;    XC=0;    XD=0;    XE=0;    break;
            case 9:    XA=0;    XB=1;    XC=0;    XD=0;    XE=1;    break;
            case 10:   XA=0;    XB=1;    XC=0;    XD=1;    XE=0;    break;
            case 11:   XA=0;    XB=1;    XC=0;    XD=1;    XE=1;    break;
            case 12:   XA=0;    XB=1;    XC=1;    XD=0;    XE=0;    break;
            case 13:   XA=0;    XB=1;    XC=1;    XD=0;    XE=1;    break;
            case 14:   XA=0;    XB=1;    XC=1;    XD=1;    XE=0;    break;
            case 15:   XA=0;    XB=1;    XC=1;    XD=1;    XE=1;    break;
            case 16:   XA=1;    XB=0;    XC=0;    XD=0;    XE=0;    break;
            case 17:   XA=1;    XB=0;    XC=0;    XD=0;    XE=1;    break;
            case 18:   XA=1;    XB=0;    XC=0;    XD=1;    XE=0;    break;
            case 19:   XA=1;    XB=0;    XC=0;    XD=1;    XE=1;    break;
            case 20:   XA=1;    XB=0;    XC=1;    XD=0;    XE=0;    break;
```

```
         case 21:   XA=1;    XB=0;    XC=1;    XD=0;    XE=1;    break;
         case 22:   XA=1;    XB=0;    XC=1;    XD=1;    XE=0;    break;
         case 23:   XA=1;    XB=0;    XC=1;    XD=1;    XE=1;    break;
         case 24:   XA=1;    XB=1;    XC=0;    XD=0;    XE=0;    break;
         case 25:   XA=1;    XB=1;    XC=0;    XD=0;    XE=1;    break;
         case 26:   XA=1;    XB=1;    XC=0;    XD=1;    XE=0;    break;
         case 27:   XA=1;    XB=1;    XC=0;    XD=1;    XE=1;    break;
         case 28:   XA=1;    XB=1;    XC=1;    XD=0;    XE=0;    break;
         case 29:   XA=1;    XB=1;    XC=1;    XD=0;    XE=1;    break;
         case 30:   XA=1;    XB=1;    XC=1;    XD=1;    XE=0;    break;
         case 31:   XA=1;    XB=1;    XC=1;    XD=1;    XE=1;    break;
     }
}
void yzimo(uchar   y)
{
     uchar i;
     for(i=0;i<8;i++)
     {
         SCK=0;
         if(y&0x01)         SI=1;
         else               SI=0;
         SCK=1;
         y=y>>1;
     }
}
uchar   code   dan[32]={ /*"单",0*//* (16 X 16，仿宋 )*/
0xFF,0xFF,0xFF,0xDF,0xFB,0xBF,0xFD,0xBF,0xF6,0x0F,0xF0,0xEF,0xF6,0x0F,0xF0,0xEF,
0xF6,0x0F,0xF8,0xFF,0xFE,0xE1,0xC0,0x1F,0xFE,0xFF,0xFE,0xFF,0xFE,0xFF,0xFF,0xFF};
uchar   code   pian[32]={/*"片",1*//* (16 X 16，仿宋 )*/
0xFF,0xFF,0xFF,0xBF,0xF7,0xBF,0xF7,0xBF,0xF7,0xBF,0xF7,0xBB,0xF8,0x07,0xF7,0xFF,
0xF7,0xDF,0xF8,0x1F,0xF7,0xDF,0xF7,0xDF,0xEF,0xDF,0xEF,0xDF,0xDF,0xDF,0xFF,0xFF};
uchar   code   ji[32]={/*"机",2*//* (16 X 16，仿宋 )*/
0xFF,0xFF,0xF7,0xFF,0xF7,0xFF,0xF7,0x0F,0xF7,0x6F,0xF9,0x6F,0xE6,0x6F,0xF7,0x6F,
0xE1,0x6F,0xD6,0xEF,0xD6,0xEF,0xB6,0xEF,0xF5,0xED,0xF5,0xED,0xF3,0xF3,0xFF,0xFF};
uchar   code   mie[32]={
0xFF,0xFF,0xFF,0xFF,0xFF,0xFF,0xFF,0xFF,0xFF,0xFF,0xFF,0xFF,0xFF,0xFF,0xFF,0xFF,
0xFF,0xFF,0xFF,0xFF,0xFF,0xFF,0xFF,0xFF,0xFF,0xFF,0xFF,0xFF,0xFF,0xFF,0xFF,0xFF};
```

【随堂练习 3-10】

(1) 写出函数 diyihang16x16()的函数声明。

(2) 显示"天天向上"时，写出 diyihang16x16()的函数调用。

(3) 显示自己的姓名与班级。

(4) 多个入口参数的函数在声明与调用时应注意什么？

3.5.2 第二行 16×16 信息显示

如图 3-1 所示，在 32×64 点阵第二行显示"微机控制"。

第二行与第一行显示方法相同，首先取出"微机控制"的字模，"机"前面取过字模，可以只取其余 3 个字的字模。

其次，编写函数 dierhang16x16()。与函数 diyihang16x16()不同的是，第二行 16×16 信息位于点阵屏的 16～31 行，因此调用函数 xsaomiao()选中一行时，实参应为 i+16。

源程序如下：

```
#include    <reg51.h>
#include    <intrins.h>
#define   uchar  unsigned  char
#define   uint  unsigned  int
sbit   XA=P3^6;
sbit   XB=P3^5;
sbit   XC=P3^4;
sbit   XD=P3^3;
sbit   XE=P3^2;
sbit   SI=P3^0;
sbit   SCK=P3^1;
sbit   RCK=P3^7;
uchar   code   dan[32];
uchar   code   pian[32];
uchar   code   ji[32];
uchar   code   wei[32];
uchar   code   kong[32];
uchar   code   zhi[32];
uchar   code   mie[32];
void   xsaomiao(uchar   x);
void   yzimo(uchar   y);
void   diyihang16x16(uchar   tab1[],uchar   tab2[],uchar   tab3[],uchar   tab4[]);
void   dierhang16x16(uchar   tab1[],uchar   tab2[],uchar   tab3[],uchar   tab4[]);
main()
{
```

```
            while(1)
            {
                diyihang16x16(mie,ji,pian,dan);
                dierhang16x16(zhi,kong,ji,wei);
            }
}
void   dierhang16x16(uchar   tab1[],uchar   tab2[],uchar   tab3[],uchar   tab4[])
{
        char i,j;
        for(i=0;i<16;i++)
        {
            RCK=0;
            for(j=1;j>=0;j--)  yzimo(tab1[i*2+j]);
            for(j=1;j>=0;j--)  yzimo(tab2[i*2+j]);
            for(j=1;j>=0;j--)  yzimo(tab3[i*2+j]);
            for(j=1;j>=0;j--)  yzimo(tab4[i*2+j]);
            xsaomiao(i+16);
            RCK=1;
            _nop_();
        }
}
void   diyihang16x16(uchar   tab1[],uchar   tab2[],uchar   tab3[],uchar   tab4[])
{
        char i,j;
        for(i=0;i<16;i++)
        {
            RCK=0;
            for(j=1;j>=0;j--)  yzimo(tab1[i*2+j]);
            for(j=1;j>=0;j--)  yzimo(tab2[i*2+j]);
            for(j=1;j>=0;j--)  yzimo(tab3[i*2+j]);
            for(j=1;j>=0;j--)  yzimo(tab4[i*2+j]);
            xsaomiao(i);
            RCK=1;
            _nop_();
        }
}
void xsaomiao(uchar   x)
{
        switch(x)
```

```
    {
        case 0:     XA=0;   XB=0;   XC=0;   XD=0;   XE=0;   break;
        case 1:     XA=0;   XB=0;   XC=0;   XD=0;   XE=1;   break;
        case 2:     XA=0;   XB=0;   XC=0;   XD=1;   XE=0;   break;
        case 3:     XA=0;   XB=0;   XC=0;   XD=1;   XE=1;   break;
        case 4:     XA=0;   XB=0;   XC=1;   XD=0;   XE=0;   break;
        case 5:     XA=0;   XB=0;   XC=1;   XD=0;   XE=1;   break;
        case 6:     XA=0;   XB=0;   XC=1;   XD=1;   XE=0;   break;
        case 7:     XA=0;   XB=0;   XC=1;   XD=1;   XE=1;   break;
        case 8:     XA=0;   XB=1;   XC=0;   XD=0;   XE=0;   break;
        case 9:     XA=0;   XB=1;   XC=0;   XD=0;   XE=1;   break;
        case 10:    XA=0;   XB=1;   XC=0;   XD=1;   XE=0;   break;
        case 11:    XA=0;   XB=1;   XC=0;   XD=1;   XE=1;   break;
        case 12:    XA=0;   XB=1;   XC=1;   XD=0;   XE=0;   break;
        case 13:    XA=0;   XB=1;   XC=1;   XD=0;   XE=1;   break;
        case 14:    XA=0;   XB=1;   XC=1;   XD=1;   XE=0;   break;
        case 15:    XA=0;   XB=1;   XC=1;   XD=1;   XE=1;   break;
        case 16:    XA=1;   XB=0;   XC=0;   XD=0;   XE=0;   break;
        case 17:    XA=1;   XB=0;   XC=0;   XD=0;   XE=1;   break;
        case 18:    XA=1;   XB=0;   XC=0;   XD=1;   XE=0;   break;
        case 19:    XA=1;   XB=0;   XC=0;   XD=1;   XE=1;   break;
        case 20:    XA=1;   XB=0;   XC=1;   XD=0;   XE=0;   break;
        case 21:    XA=1;   XB=0;   XC=1;   XD=0;   XE=1;   break;
        case 22:    XA=1;   XB=0;   XC=1;   XD=1;   XE=0;   break;
        case 23:    XA=1;   XB=0;   XC=1;   XD=1;   XE=1;   break;
        case 24:    XA=1;   XB=1;   XC=0;   XD=0;   XE=0;   break;
        case 25:    XA=1;   XB=1;   XC=0;   XD=0;   XE=1;   break;
        case 26:    XA=1;   XB=1;   XC=0;   XD=1;   XE=0;   break;
        case 27:    XA=1;   XB=1;   XC=0;   XD=1;   XE=1;   break;
        case 28:    XA=1;   XB=1;   XC=1;   XD=0;   XE=0;   break;
        case 29:    XA=1;   XB=1;   XC=1;   XD=0;   XE=1;   break;
        case 30:    XA=1;   XB=1;   XC=1;   XD=1;   XE=0;   break;
        case 31:    XA=1;   XB=1;   XC=1;   XD=1;   XE=1;   break;
    }
}
void yzimo(uchar  y)
{
    uchar i;
    for(i=0;i<8;i++)
```

```
        {
            SCK=0;
            if(y&0x01)SI=1;
            else            SI=0;
            SCK=1;
            y=y>>1;
        }
    }
    uchar    code    dan[32]={ /*"单",0*//* (16 X 16，仿宋 )*/
    0xFF,0xFF,0xFF,0xDF,0xFB,0xBF,0xFD,0xBF,0xF6,0x0F,0xF0,0xEF,0xF6,0x0F,0xF0,0xEF,
    0xF6,0x0F,0xF8,0xFF,0xFE,0xE1,0xC0,0x1F,0xFE,0xFF,0xFE,0xFF,0xFE,0xFF,0xFF,0xFF};
    uchar    code    pian[32]={/*"片",1*//* (16 X 16，仿宋 )*/
    0xFF,0xFF,0xFF,0xBF,0xF7,0xBF,0xF7,0xBF,0xF7,0xBF,0xF7,0xBB,0xF8,0x07,0xF7,0xFF,
    0xF7,0xDF,0xF8,0x1F,0xF7,0xDF,0xF7,0xDF,0xEF,0xDF,0xEF,0xDF,0xDF,0xDF,0xFF,0xFF};
    uchar    code    ji[32]={/*"机",2*//* (16 X 16，仿宋 )*/
    0xFF,0xFF,0xF7,0xFF,0xF7,0xFF,0xF7,0x0F,0xF7,0x6F,0xF9,0x6F,0xE6,0x6F,0xF7,0x6F,
    0xE1,0x6F,0xD6,0xEF,0xD6,0xEF,0xB6,0xEF,0xF5,0xED,0xF5,0xED,0xF3,0xF3,0xFF,0xFF};
    uchar    code    wei[32]={ /*"微",0*/ /* (16 X 16，宋体 )*/
    0xEE,0xF7,0xEA,0xB7,0xDA,0xB7,0xBA,0xAF,0x68,0x21,0xEF,0xDB,0xDF,0xEB,0x90,0x2B,
    0x5F,0xEB,0xD8,0x6B,0xDB,0x6B,0xDB,0x57,0xDB,0x37,0xDB,0x6B,0xD7,0xEB,0xCF,0xDD};
    uchar    code    kong[32]={    /*"控",1*//* (16 X 16，宋体 )*/
    0xEF,0xBF,0xEF,0xDF,0xEF,0xDF,0xEC,0x01,0x05,0xFD,0xEB,0x6B,0xEE,0xF7,0xE5,0xFB,
    0xCF,0xFF,0x2E,0x03,0xEF,0xDF,0xEF,0xDF,0xEF,0xDF,0xEF,0xDF,0xA8,0x01,0xDF,0xFF};
    uchar    code    zhi[32]={/*"制",2*//* (16 X 16，宋体 )*/
    0xFB,0xFB,0xDB,0xFB,0xDB,0xFB,0xC0,0x5B,0xBB,0xDB,0xFB,0xDB,0x00,0x1B,0xFB,0xDB,
    0xFB,0xDB,0xC0,0x5B,0xDB,0x5B,0xDB,0x5B,0xD9,0x7B,0xDA,0xFB,0xFB,0xEB,0xFB,0xF7};
    uchar    code    mie[32]={
    0xFF,0xFF,0xFF,0xFF,0xFF,0xFF,0xFF,0xFF,0xFF,0xFF,0xFF,0xFF,0xFF,0xFF,0xFF,0xFF,
    0xFF,0xFF,0xFF,0xFF,0xFF,0xFF,0xFF,0xFF,0xFF,0xFF,0xFF,0xFF,0xFF,0xFF,0xFF,0xFF};
```

【随堂练习 3-11】

(1) 编程显示一幅 32×64 的图片，图片的画法参照图 3-9。

(2) 利用 51 单片机内的串行口 UART，串行传送一个字节的字模，改写函数 yzimo()，编译下载，观察显示效果。

```
    void yzimo(uchar    y)
    {
        SBUF=y;
        while(TI==1);
        TI=0;
    }
```

项目评价

项目名称		LED 点阵屏			
评价类别	项目	子项目	个人评价	组内互评	教师评价
专业能力(80)	信息与资讯(30)	熟悉 LED 点阵屏(6)			
		集成电路的功能与应用(12)			
		信息的显示方法(6)			
		取模软件(6)			
	计划(20)	原理图设计(10)			
		流程图(5)			
		程序设计(5)			
	实施(20)	实验板的适应性(10)			
		实施情况(10)			
	检查(5)	异常检查(5)			
	结果(5)	结果验证(5)			
社会能力(10)	敬业精神(5)	爱岗敬业与学习纪律			
	团结协作(5)	对小组的贡献及配合			
方法能力(10)	计划能力(5)				
	决策能力(5)				

	班级		姓名		学号	
评价						

总评　　　　　　教师　　　　　　日期

项目练习

一、填空题

1. 8×8 点阵有_____行、_____列，由_____个 LED 连接而成；行线与 LED 的_____极相连，列线与 LED 的_____极相连。

2. 74HC573 的功能是_____，它的数据传送方式为_____。

3. 三态门输出的三种状态是指_____、_____、_____。

4. $\overline{OE}$ 的名称是_____，三态门输出高阻时，$\overline{OE}$ =_____。

5. 锁存功能是指_____。

6. 锁存器在锁存数据之前，应先_____。

7. LE=1 时，74HC573 工作状态为_____；LE=0 时，74HC573 工作状态为_____。

8. 行扫描时，选中一行是由_____码决定的；决定显示内容的是_____码。字模指的是_____码。

9. 32×32 的点阵，字模有_____个字节，用数组存放时，数组声明为_____。

10. PCtoLCD2002 中 3 个主要的字模选项为_____、_____、_____。

11. 行扫描且行线接阳极、列线接阴极时，点阵格式应为_____。

12. 74LS154 的功能是_____。

13. 74LS154 的输出端全部为无效状态 1 时，是由于使能端_____。当使能端均有效，输出端 $\overline{Y12}$ =0，其余输出端为 1 时，输入信号为_____。

14. 5 线-32 线译码器，输入信号 ABCDE=11011 时，有效的输出端是_____。

15. 74LS595 的内部由_____、_____、_____三级构成。

16. 74LS595 的数据传送方式有_____。

17. x = 0xF7 时，表达式 x&0x20 =_____，作用是_____。

18. 语句 if(a&0x80)　　b=1;
　　　　　else　　　　b=0;的作用是_____。

19. 在 64×64 点阵屏上显示 32×32 的汉字，一屏内可以显示_____个。

20. 在 32×64 点阵屏上显示"花好月圆"时，应先移入_____。

二、选择题

1. 输出使能端的标识为(　　)。

　　A. $\overline{SCLR}$　　　　B. $\overline{OE}$　　　　C. LE　　　　D. E1

2. 74LS573 的功能是(　　)。

　　A. 锁存器　　　B. 译码器　　　C. 编码器　　　D. 移位寄存器

3. $\overline{OE}$ 是(　　)的专属使能端。

　　A. 三态门　　　B. 译码器　　　C. 寄存器　　　D. 存储器

4. $\overline{OE}$ 为(　　)。

　　A. 低电平有效　　B. 高电平有效　　C. 不确定

5. LE 的名称为(   )。

    A．锁存使能端   B．输出使能端   C．使能端   D．清零端

6. 点阵扫描时，所有行轮流显示，但眼睛看上去是同时显示的，这是(   )。

    A．静态显示   B．动态显示   C．不确定

7. 点阵扫描时，某一行点亮的像素错位，原因是(   )错误。

    A．扫描码   B．字模

    C．扫描和显示码   D．不确定

8. 74HC573 锁存数据 0x37 时，正确的是(   )。

    A．LE=0;P0=0X37;   B．LE=1;P0=0X37;

    C．LE=1;P0=0X37;LE=0;   D．LE=0;P0=0X37;LE=1;

9. 24×24 的点阵，字模的字节数为(   )。

    A．24   B．576   C．144   D．72

10. 点阵采用行扫描时，取模方式应选用(   )。

    A．逐行式   B．逐列式   C．列行式   D．行列式

11. 构成 64×64 点阵时，需(   )块 16×16 点阵；构成 16×32 点阵时，需(   ) 8×8 块点阵。

    A．8   B．10   C．16   D．18

12. 译码器输入的一个代码只能使(   )个输出端有效。

    A．1   B．2   C．3   D．4

13. 译码器扩展时，任何时刻只能有(   )个芯片译码。

    A．1   B．2   C．3   D．4

14. 扩展 4 线-16 线译码器时，需用(   )块 2 线-4 线译码器。

    A．2   B．3   C．4   D．5

15. 5 位二进制数共有(   )种组合。

    A．4   B．8   C．16   D．32

16. 实现一个 32 分支的分支程序应用(   )构成。

    A．while   B．for   C．switch   D．均可

17. 74LS595 的功能是(   )。

    A．锁存器   B．译码器   C．编码器   D．移位寄存器

18. 74LS595 的电源是(   )。

    A．3 V   B．5 V   C．9 V   D．12 V

19. 存储时钟的标识为(   )。

    A．SCK   B．RCK   C．$\overline{\text{SCLR}}$ D．$\overline{\text{OE}}$

20. 串行移位时钟的标识为(   )。

    A．SCK   B．RCK   C．$\overline{\text{SCLR}}$ D．$\overline{\text{OE}}$

21. 74LS595 的移位方向是(   )。

    A．由低位向高位   B．由高位向低位   C．均可

22. 64×64 点阵的行驱动可采用(   )构成。

    A．锁存器   B．译码器   C．编码器   D．移位寄存器

23．64×64 点阵的列驱动可采用(　　)构成。

　　A．锁存器　　　　B．译码器　　　　C．编码器　　　　D．移位寄存器

24．能实现串行传送数据的是(　　)。

　　A．锁存器　　　　B．译码器　　　　C．寄存器　　　　D．移位寄存器

25．能保留变量 y 位 7 的表达式是(　　)。

　　A．y&0x01　　　　B．y&0x08　　　　C．y&0x80　　　　D．y&0x10

26．0x87&0xf0=(　　)。

　　A．0x80　　　　　B．0x08　　　　　C．0x70　　　　　D．0x07

三、综合题

1．解释锁存功能。

2．简述 74HC573 数据锁存过程。

3．简述行扫描原理。

4．用 2 线-4 线译码器(使能端 E1)构成 3 线-8 线译码器。

5．简述 74LS595 串入—并出的过程。

6．用 74LS595 构成 24 位移位寄存器，写出步骤并画图。

7．编写函数在 32×64 点阵上显示 32×32 的汉字。

8．编写函数在 32×64 点阵上显示 24×32 的汉字。

9．编程在 32×64 点阵上显示多屏信息。

项目四　无字库 LCD 液晶显示器 12864

项目任务

在无字库的 LCD 液晶显示器 12864 上显示班级及姓名,效果图如图 4-1 所示。

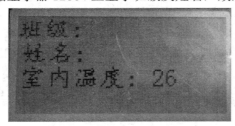

图 4-1　项目四显示效果图

项目目标

知识目标

❖ 了解 LCD 液晶显示器。

❖ 熟悉无字库 LCD 液晶显示器 12864 的屏幕管理机制。

❖ 掌握 DDRAM 的作用及页地址和列地址。

❖ 掌握无字库 LCD 液晶显示器 12864 的接口设计。

❖ 掌握常用指令。

❖ 掌握固定信息的显示方法并编写函数。

❖ 掌握变量的显示方法。

❖ 掌握二维数组的基本用法。

能力目标

❖ 认识无字库 LCD 液晶显示器 12864 并识别其引脚。

❖ 能够用页地址、列地址正确描述显示位置的起始地址。

❖ 正确画出硬件电路图。

❖ 能够写出指令码并编写所需函数。

❖ 编写显示固定信息所需的函数。

❖ 理解并使用二维数组。

❖ 编程显示变量的值。

4.1 12864 屏幕管理机制

4.1.1 12864 概述

LCD12864 是一种常用的图形点阵液晶显示器，顾名思义，就是可以在水平方向显示 128 个点，在垂直方向显示 64 个点，显示屏共有 128 列 × 64 行个光点。通过对控制芯片写入数据，可以控制光点的亮灭，从而显示字符、数字、汉字或者自定义的图形。尽管各厂商生产的 LCD12864 所用的控制芯片和引脚定义不尽相同，但是其控制原理都大同小异。利用 12864 灵活的接口方式和简单、方便的操作指令，可构成全中文人机交互图形界面。

12864 一般分为两种，一种带有中文字库，主要用于显示汉字(仅限于国标宋体)，也可显示图形；另一种不带中文字库，只是简单的点阵模式，主要用于显示图形，显示汉字时，需自己取字模，优点是可以选择自己喜欢的字体及大小。THGDK-1 型实验箱使用的是无字库的 12864。

4.1.2 12864 屏幕管理机制

1. 12864 屏幕管理机制

12864 显示屏的点阵大小为 128 列 × 64 行。管理屏幕时，以中间为间隔一分为二，左侧的半屏叫做左屏，右侧的半屏叫做右屏；左屏、右屏的点阵大小均为 64 列 × 64 行；在控制光点的亮灭时，左屏与右屏的地址完全相同，只有结合片选信号 CS1、CS2，才能最终确定选择哪半屏，如图 4-2 所示。

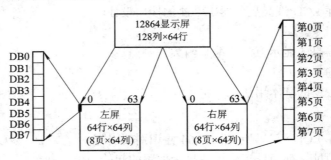

图 4-2 12864 显示屏

显示数据存储器 DDRAM 在 12864 液晶显示器中的作用至关重要，在 DDRAM 中存放着 64 × 64 点阵显示屏的显示数据(字模)，也就是说，DDRAM 存储器中存放的数据决定了 12864 显示屏上显示的内容，DDRAM 与 12864 显示屏存在着一一对应的关系，所以称之为显示数据存储器。在对 DDRAM 存储器进行读写操作时，它的地址应符合 12864 的显示屏管理机制。

DDRAM 地址与 12864 显示屏的映射关系如图 4-3 所示，DDRAM 存储器的容量为
512B，恰好存放半屏 64 列 × 64 行/8 的显示数据。12864 的显示屏共有 64 行，这些行均分
为 8 个数据页来管理，这 8 个数据页对应显示屏从上到下，分别为第 0～第 7 页；每页的
大小为 8 行、64 列；由于 51 单片机是 8 位机，通过数据总线 DB7～DB0，一次可同时传
送 8 位二进制数，因此每一页中的一列存放一个字节的数据，是并行传送的；因此，对于
DDRAM 的每个字节，不管是读或写，都需要根据显示位置确定好页地址和列地址，然后
才可以传送显示数据。

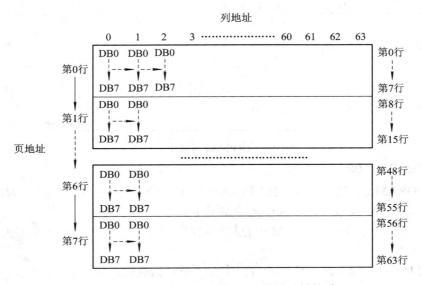

图 4-3　12864 显示屏与 DDRAM 地址映射关系

12864 显示信息的核心就是向 DDRAM 存储器写显示数据。DDRAM 中每个字节中的
每 1 个位(bit)，控制显示屏上的 1 个光点的亮灭。bit 值为 1 时，所控制的光点亮；反之
光点不亮。DDRAM 中的一个字节数据唯一对应显示屏某一页中一列从下往上的 8 个显
示点。

【例 4-1】　将 0x00、0x70、0x08、0x08、0x08、0x88、0x70、0x00 的 8 个数据写入
DDRAM 第 0 页的第 0 列至第 7 列。

向 DDRAM 第 0 页第 0 列写入数据 0x00=00000000B，则显示屏第 0 页第 0 列的 8 个
光点全灭；

向 DDRAM 第 0 页第 1 列写入数据 0x70=01110000B，则显示屏第 0 页第 1 列的 8 个
光点从下往上为 1 的 3 个光点亮；

向 DDRAM 第 0 页第 2 列写入数据 0x08=00001000B，则显示屏第 0 页第 2 列的 8 个
光点从下往上为 1 的一个光点亮；

…

8 个数据全部写入 DDRAM 后，效果如图 4-4 所示，所有的 1 连起来就是要显示的
内容。

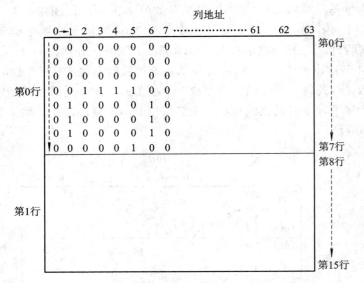

图 4-4　DDRAM 写操作示意图

2. PCtoLCD2002 字模选项

写入 DDRAM 的字模，可以通过 PCtoLCD2002 取模软件获得。PCtoLCD2002 取模软件针对无字库的 12864 取模时，字模选项如图 4-5 所示。其中：

(1) 点阵格式：阴码。DDRAM 中存放的数据为 1 时，光点亮，反之光点灭。

(2) 取模方式：列行式。

列行式取模指的是，从一张图片或汉字左上角开始取模，从上至下，8 位二进制数(上面是最低位 DB0)转化为十六进制数保存，第 0 列取 8 位之后，接着取第 1 列的 8 位，…，一直到图片或汉字第 0～第 7 行最后一列的 8 位取完；第 0～第 7 行取完之后，开始取第 8～第 15 行第 0 列的 8 位，…以此类推，直至全部取完。宏观上看，是先列后行，所以称之为列行式。可结合图 4-5 右下角的动画，加深理解。

无字库 12864 的屏幕管理机制符合页地址(每 8 行为一页)、列地址的要求。

(3) 取模走向：逆向(低位在前)。图 4-2 中，每一页中的每一列从上往下，分别为 DB0 至 DB7，是从最低位的 DB0 开始的。

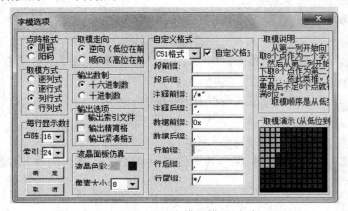

图 4-5　PCtoLCD2002 字模取模(无字库 12864)

3．12864 内部结构

12864 液晶显示器的内部结构框图如图 4-6 所示，主要由行驱动器 IC3、2 个列驱动器 IC1、IC2 及 128 列 × 64 行全点阵液晶显示屏组成。

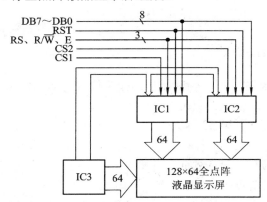

图 4-6　无字库 12864 液晶显示器的内部结构框图

IC1 控制显示器的左半屏，IC2 控制显示器的右半屏。IC1、IC2、IC3 主要由以下功能器件组成。

(1) 指令寄存器(IR)。IR 是用来寄存指令码的，与显示数据寄存器寄存数据相对应，只不过存放的内容不同。当 RS=0 时，在 E 信号下降沿的作用下，DB7~DB0 上传送的指令码被写入 IR。.

(2) 数据寄存器(DR)。DR 是用来存放数据的，与指令寄存器寄存指令码相对应。当 RS=1 时，在 E 信号的下降沿作用下，数据通过数据总线 DB7~DB0 写入 DR；或在 E 信号高电平作用下由 DR 读至数据总线 DB7~DB0；DR 和 DDRAM 之间的数据传输是模块内部自动执行的。

(3) 状态寄存器。状态寄存器的有效数据位是 3 位，用于记录"忙"信号的标志位(BF)、复位标志位(RST)以及开/关显示状态位(ON/OFF)。

(4) XY 地址计数器。XY 地址计数器是一个 9 位计数器。高 3 位是 X 地址计数器，低 6 位为 Y 地址计数器，XY 地址计数器可作为 DDRAM 的地址指针，其中，X 地址计数器为 DDRAM 的页指针，Y 地址计数器为 DDRAM 的列地址指针。

X 地址计数器没有自加 1 的功能，只能用指令设置页地址。

Y 地址计数器具有自加 1 的功能，显示数据写入后，列地址自动加 1，列地址从 0 到 63。

(5) 显示数据存储器(DDRAM)。DDRAM 是用来存储显示数据的。DDRAM 的地址和显示屏的关系如图 4-3 所示。

(6) Z 地址计数器。Z 地址计数器是一个 6 位计数器，该计数器具备自加 1 的功能，它用于显示行扫描同步。当一行扫描完成时，Z 地址计数器自动加 1，指向下一行扫描数据，RST 复位后 Z 地址计数器为 0。

Z 地址计数器可以用设置显示起始行指令预置。因此，屏幕显示的起始行就由此指令控制，即 DDRAM 的数据从哪一行开始显示在屏幕的第一行。12864 的 DDRAM 共 64 行，屏幕可以循环滚动显示 64 行。

【随堂练习 4-1】

(1) 将 0x00、0x30、0x28、0x24、0x22、0x21、0x30、0x00 共 8 个数据，写入 DDRAM 第 1 页的第 0 列至第 7 列中，结果填入图 4-4 中，并观察显示效果。

(2) 观察图 4-5 右下角的动画区分列行式、行列式。

4.1.3 12864 显示位置描述

在 12864 上显示信息时，必须确定显示的起始位置，而起始位置包括页和列。

【例 4-2】 写出下述位置的页地址和列地址。

(1) 左屏右上角：第 0 页第 63 列。

(2) 左屏左下角：第 7 页第 0 列。

(3) 右屏左上角：第 0 页第 0 列或第 0 页第 64 列。

(4) 右屏右下角：第 7 页第 63 列或第 7 页第 127 列。

【例 4-3】 在 12864 液晶显示屏的右屏右下角显示一个 16×16 的汉字，写出起始地址。

因为 16×16 的汉字共占 2 页(每页有 8 行)，每页 16 列；在显示屏右屏的右下角显示一个 16×16 的汉字时，起始地址为第 6 页第 48 列或第 6 页第 112 列。

【随堂练习 4-2】

(1) 用页地址和列地址描述左屏右下角、右屏左下角。

(2) 在 12864 上显示 16×16 的汉字"微机"，位置是第一行中间，写出起始地址。

4.2   12864 硬件设计

4.2.1 12864 引脚图

LCD12864 液晶显示器共有 20 个引脚，包括 8 位双向数据线、6 条控制线及电源等，如图 4-7 所示。

· VDD——电源电压端，电源为 5 V。

· VSS——接地端。

· V0——液晶显示器驱动调节电压。

· VEE——LCD 驱动负电压，−10 V。

· LED+——背光电源正极。

· LED−——背光电源负极。

· DB7~DB0——双向数据线，传递指令或数据，并行传送。

· CS1——左屏片选信号，高电平有效，用以选择左屏。

· CS2——右屏片选信号，高电平有效，用以选择右屏。

如表 4-1 所示无字库 12864 片选信号选择结果。

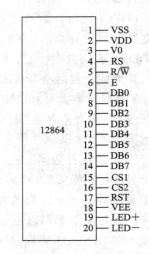

图 4-7   无字库 12864 引脚图

表 4-1   无字库 12864 片选信号

CS1	CS2	选择结果
0	0	均不选
0	1	选中右屏
1	0	选中左屏
1	1	均选中

• RS—数据指令选择端。

当 RS = 1 时，表示 DB7～DB0 上传送的是显示数据(字模)；

当 RS = 0 时，表示 DB7～DB0 上传送的是指令数据(指令或地址)。

• R/$\overline{\text{W}}$—读写选择端。

当 R/$\overline{\text{W}}$ = 1 时，读操作，数据由 12864 传送至单片机，从 12864 读出；

当 R/$\overline{\text{W}}$ = 0 时，写操作，数据由单片机传送至 12864，写入 12864。

• E：使能信号。

在 E 信号的下降沿，数据被写入数据总线 DB7～DB0；

在 E 的高电平期间，DDRAM 中的数据被读至 DB7～DB0。

• RST：复位信号，高电平复位。复位信号有效时，关闭液晶显示，使显示起始行为 0。RST 可与单片机相连，由单片机控制；也可直接接 VDD，使之不起作用。

4.2.2   12864 基本操作

写指令操作：R/$\overline{\text{W}}$ = 0，RS = 0，指令码送入 DB7～DB0 后，在 E 的下降沿到来时，指令码存至 12864 内的指令寄存器；写指令操作没有输出信号。

写数据操作：R/$\overline{\text{W}}$ = 0，RS = 1，显示数据送入 DB7～DB0 后，在 E 的下降沿到来时，显示数据存至 12864 内的显示数据存储器 DDRAM 中；写数据操作没有输出信号。

读状态操作：R/$\overline{\text{W}}$ = 1，RS = 0，在 E 的高电平期间，状态字被读至 DB7～DB0。

读数据操作：R/$\overline{\text{W}}$ = 1，RS = 1，在 E 的高电平期间，DDRAM 中的显示数据被读至 DB7～DB0。

4.2.3   12864 硬件设计

图 4-8 所示为 12864 与单片机的连接图，为数据口 DB7～DB0 分配的是 P0 口，编程时采用字节寻址；为 12864 显示器的整体使能信号"E"分配的是 P2.1，只有当该信号为高电平时，所有的电路才会有效；为左右半屏片选信号 CS1 和 CS2 分配 P2.5、P2.2，CS1 和 CS2 各自为高电平时，分别选中左屏和右屏；为了区分读写的是数据还是指令，还需为数据/指令选择端 RS 分配 P2.0；使能端、片选信号等虽同为 P2 口，但作用各不相同，编程时应采用位寻址，定义如下：

```
sbit   CS1=P2^5;
sbit   CS2=P2^2;
sbit   RS=P2^0;
```

```
sbit    RW=P2^4;
sbit    E=P2^1;
sbit    RST=P2^6;
```

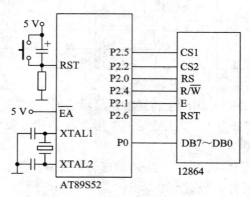

图 4-8　无字库 12864 硬件电路图

4.3　12864 常用指令及函数

无字库 12864 的指令包含显示开/关控制、设置显示起始行、设置页地址、设置列地址、读状态、写显示数据、读显示数据，共 7 条指令。下面重点介绍在本项目中用到的指令，没介绍的指令可自行上网搜索，用法是类同的。

4.3.1　显示开/关控制及函数

1. 显示开/关控制指令格式

显示开/关控制指令用于设置 12864 液晶屏幕显示的开/关。D0=1 时，开显示，12864 显示信息；D0=0 时，关显示，12864 不显示任何信息。该指令不影响 DDRAM 存储器中的内容。指令格式如表 4-2 所示。

表 4-2　显示开/关控制指令格式

使能端		数　据　线							
R/$\overline{W}$	RS	DB7	DB6	DB5	DB4	DB3	DB2	DB1	DB0
0	0	0	0	1	1	1	1	1	D0

在表 4-2 中，由于 R/$\overline{W}$=0，为写操作；RS=0，数据线 DB7～DB0 上传送的是指令数据；两者结合起来表示显示开/关控制指令为写指令操作。

显示开/关控制指令的指令码取决于数据线 DB7～DB0，在表 4-2 中，DB7～DB0=00111111D0，其中 DB7～DB1 为常量，而最低位 DB0 是可以变化的，DB0 取不同的值，指令码也会不同，因此 DB0 决定了显示开/关控制指令的指令码的数量与作用。当数据线 DB7～DB0 中只有 DB0 一个变化位时，有 2^1 个指令码，为

当 D0=0 时，关显示。指令码 = DB7～DB0 = 0011111**0** = 0x3E

当 D0=1 时，开显示。指令码 = DB7～DB0 = 00111111 = 0x3F

2．显示开/关控制指令函数

确定了指令码之后，编写实现指令功能的函数。函数的类型(有无入口参数、出口参数)根据编程者的需求而定，不能一概而论。

显示开/关控制指令有开显示与关显示两个作用，可以编写一个函数，但需要一个入口参数，由入口参数来决定函数是实现开显示还是关显示；当然也可以直接编写两个函数，一个实现开显示，一个实现关显示，但是这种情况就不需要入口参数。

与 12864 显示器有关的函数一般不需要出口参数。

```
/*函数名：lcdkaixianshi()
作用：设置 12864 显示屏开显示。将开显示的指令码 0x3f 通过数据口 DB7～DB0 写入 12864。
入口参数：无
出口参数：无
*/
void lcdkaixianshi(void)
{
    P0=0x3f;
    RW=0;
    RS=0;
    E=1;
    E=0;
}

/*函数名：lcdguanxianshi()
作用：设置 12864 显示屏关显示。将关显示的指令码 0x3e 通过数据口 DB7～DB0 写入 12864。
入口参数：无
出口参数：无
*/
void lcdguanxianshi(void)
{
    P0=0x3e;
    RW=0;
    RS=0;
    E=1;
    E=0;
}
```

【随堂练习 4-3】

(1) 注释开显示与关显示函数。

(2) 根据上述开显示与关显示的函数定义，写出函数声明与调用语句。

4.3.2 设置页地址及函数

1. 设置页地址指令格式

设置页地址指令用于设置 DDRAM 的页地址。页地址由 A2A1A0 三位确定，指令格式如表 4-3 所示。

表 4-3 设置页地址指令格式

使能端		数 据 线							
R/$\overline{\text{W}}$	RS	DB7	DB6	DB5	DB4	DB3	DB2	DB1	DB0
0	0	1	0	1	1	1	A2	A1	A0

设置页地址指令为写指令操作。

页地址就是 DDRAM 的行地址，8 行为一页，显示屏共 64 行即 8 页，A2A1A0 三位二进制数共有 8 种状态，分别表示页地址 0～7。读写数据对页地址没有影响,页地址由本指令设置或 RST 信号复位后页地址为 0。

页地址 0～7 对应的指令码如下：

当 A2A1A0=000 时，设置第 0 页。指令码 = DB7～DB0 = 10111**000** = 0xb8

当 A2A1A0=001 时，设置第 1 页。指令码 = DB7～DB0 = 10111**001** = 0xb9

…

当 A2A1A0=111 时，设置第 7 页。指令码 = DB7～DB0 = 10111**111** = 0xbf

设置页地址指令共有 8 个指令码，因此更适合编写有入口参数的函数，通过入口参数来改变所设置的页地址。

观察上述指令码，可得出页地址与指令码之间的关系为

指令码=0xb8 | 页地址

2. 设置页地址指令函数

```
/*函数名：lcdshezhiye()
作用：设置 DDRAM 的页地址，页地址范围是 0～7。将页地址 0～7 转换为指令码 0xb8～
0xbf，送入 12864 的指令寄存器中。
入口参数：形参 ye：存放待设置的页地址。
出口参数：无
*/
void   lcdshezhiye(uchar ye)
{
        P0=0xb8|ye;
        RW=0;
        RS=0;
        E=1;
        E=0;

}
```

4.3.3　设置列地址及函数

1．设置列地址指令格式

设置列地址指令用于设置 DDRAM 的列地址。列地址由 A5～A0 六位确定，指令格式如表 4-4 所示。

表 4-4　设置列地址指令格式

使能端		数　据　线							
R/$\overline{\text{W}}$	RS	DB7	DB6	DB5	DB4	DB3	DB2	DB1	DB0
0	0	0	1	A5	A4	A3	A2	A1	A0

设置列地址指令为写指令操作。

12864 显示器的显示屏分为左屏与右屏，左屏与右屏完全相同，均为 64 列 × 64 行，由两个独立且相同的模块 IC1、IC2 控制，因此显示屏虽然有 128 列，但能设置的列地址只有 64 个，从 0～63，由 DB7～DB0 的低 6 位 A5～A0 确定。

与设置页地址不同的是，在对 DDRAM 进行读写操作后，Y 地址指针自动加 1，指向下一列 DDRAM 字节单元。基于列地址的自加 1 功能，显示信息时，只需设置列的首地址即可。

列地址 0～63 对应的指令码为

当 A5～A0 = 000000 时，设置第 0 列。指令码 = DB7～DB0 = 01**000000** = 0x40

当 A5～A0 = 000001 时，设置第 1 列。指令码 = DB7～DB0 = 01**000001** = 0x41

…

当 A5～A0 = 111111 时，设置第 63 列。指令码 = DB7～DB0 = 01**111111** = 0x7f

设置列地址指令共有 64 个指令码，只能编写有入口参数的函数。

观察上述指令码，可得出列地址与指令码之间的关系为

指令码 = 0x40 | 列地址

2．设置列地址函数

/*函数名：lcdshezhilie()

作用：设置 DDRAM 的列地址，列地址范围是 0~63。将列地址转换为指令码后，送入 12864 的指令寄存器中。

入口参数：形参 lie：存放待设置的列地址。

出口参数：无

*/

```
void  lcdshezhiye(uchar  lie)
{
        P0=0x40|lie;
        RW=0;
        RS=0;
        E=1;
```

```
        E=0;
    }
```

【随堂练习 4-4】

(1) 根据上述设置页地址与设置列地址的函数定义，写出函数声明与调用语句。

(2) 计算 0x3el0x69。

4.3.4 写显示数据及函数

写显示数据的作用是将图片或汉字等显示信息的字模写入相应的 DDRAM 存储单元，格式如表 4-5 所示。D7～D0 为显示数据，DDRAM 每写入一个字节，列地址指针自动加 1。

表 4-5 写显示数据格式

使能端		数　据　线							
R/W̄	RS	DB7	DB6	DB5	DB4	DB3	DB2	DB1	DB0
0	1	D7	D6	D5	D4	D3	D2	D1	D0

请注意，写显示数据与显示开/关控制、设置页地址、设置列地址是不一样的。写显示数据的 RS = 1，表示数据总线 DB7～DB0 上传送的是显示数据，而非指令码。

```
/*函数名: lcdxiezimo()
作用: 将显示信息字模的一个字节写入 DDRAM 相应的单元。
入口参数: 形参 zijie: 存放待写入 DDRAM 的一个字节的数据。
出口参数: 无
*/
void    lcdxiezimo(uchar    zijie)
{
    P0= zijie;
    RW=0;
    RS=1;
    E=1;
    E=0;
}
```

【随堂练习 4-5】

根据写显示数据的函数定义，写出函数声明与调用语句。

4.4   12864 常用函数

4.4.1 设置页列函数

前面提到的设置列地址指令是针对 DDRAM 存储器的，DDRAM 只有 64 个列地址，而 12864 的显示屏共有 128 列，在确定显示信号在全屏中的显示位置时，需要由片选信号 CS1、CS2 来区分是左屏还是右屏。编写设置页列函数时，通过调用设置页地址函数和设置列地址函数，并结合片选信号 CS1、CS2，实现 8 个页地址、128 个列地址的设置。

当列地址<64 时，选中左屏。CS1 = 1，CS2 = 0。调用设置列地址函数时，直接用列地址作为入口参数。

当列地址>64 时，选中右屏。CS1 = 0，CS2 = 1。调用设置列地址函数时，列地址由于超过了 DDRAM 的地址范围，列地址减去 64(还原为 0～63)后作为入口参数。

```
/*函数名：lcdshezhiyelie()
作用：设置 12864 显示屏的显示位置，包含页地址和列地址。
入口参数：形参 ye：存放显示位置相应的页地址，页地址从 0～7。
形参 lie：存放显示位置相应的列地址，列地址从 0～127。
出口参数：无
*/
void  lcdshezhiyelie(uchar  ye,uchar  lie)
{
    lcdshezhiye(ye);
    if(lie<64)  {CS1=1；CS2=0；lcdshezhilie(lie); }
    else        {CS1=0；CS2=1；lcdshezhilie(lie-64);
}
```

4.4.2　清屏函数

12864 在初始化或显示多屏信息时，需要将前一屏的显示内容清除，然后才能够显示新的一屏信息，这就需要编写清屏函数。

12864 的显示屏大小为 8 页(64 行)、每页 128 列，采用双重循环控制页地址和列地址。外层循环 8 次设置页地址，内层循环 128 次控制列地址；在内层的循环体中先设置页、列地址，然后再发送灭的字模 0。

```
/*函数名：lcdqingping()
作用：消除显示屏上显示的内容，即显示屏全暗。通过给 DDRAM 所有字节写入 0 来实现。
入口参数：无
出口参数：无
*/
void   lcdqingping(void)
{
    uchar    i,j;
    for(i=0;i<8;i++)
    {
        for(j=0;j<128;j++)
        {
```

```
            lcdshezhiyelie(i,j);
            lcdxiezimo(0);
        }
    }
}
```

4.4.3 初始化函数

```
/*函数名：lcdchushihua()
作用：初始化 12864。
入口参数：无
出口参数：无
*/
void    lcdchushihua(void)
{
    RST=1;
    lcdguanxianshi();
    lcdshezhiye(0);
    lcdshezhilie(0);
    lcdkaixianshi();
    lcdqingping();
}
```

【随堂练习 4-6】

(1) 写出常用函数的声明与调用语句。

(2) void   lcdshezhiyelie(uchar   ye,uchar   lie)能否写作

    void   lcdshezhiyelie(uchar   lie,uchar   ye)。

4.5 12864 显示固定信息

    无字库的 12864 可以很灵活、方便地显示所需要的信息，构成人机交互界面。固定信息一方面是指显示的内容固定，二是指信息的大小固定。例如，在 12864 的一屏上可以混合显示图片、汉字、字符等，它们的大小可以是相同的，也可以是不同的，这些信息虽然形式不同、大小不同，但是显示原理是类同的。下面介绍标准的 16×16 点阵汉字的显示方法，当然也适用于相同大小的图片。

4.5.1 信息分析

    如图 4-1 所示，在 12864 上显示"室内温度："，字的大小为 16×16，显示位置也可自定。

(1) 计算出字模的大小。

16×16 点阵的字模 = 16×16/8 = 32B。

(2) 确定显示信息在 12864 显示屏上所占的面积。16×16 点阵的行数为 16 行，占 2 页；每页 16 列。

12864 显示屏的大小为 128×64，全部显示 16×16 点阵的信息时，一屏可以显示 64 行(8 页)/2 页 = 4 行，128 列/16 = 8 列，共计 4 行×8 列 = 32 个。

(3) 确定显示信息起始位置的地址。

"室内温度："位于显示屏的第三行，第三行占用的是第 4 页和第 5 页，因此起始页地址为第 4 页；根据前一个显示信息的起始地址及列数，可计算出后一个的起始地址，"室内温度"4 个字的起始地址为

① 室：第 4 页，第 0 列；

② 内：第 4 页，第 16 列；

③ 温：第 4 页，第 32 列；

④ 度：第 4 页，第 48 列；

⑤ "："：第 4 页，第 66 列。

(4) 取出显示信息的字模并存放。

字模选项见图 4-5，生成字模后，将所有字模粘贴到源程序中，并定义数组存放。例如：

```
uchar   code   shi[32];        //数组声明，源程序开始处
uchar   code   shi[32]={       //数组赋初值，源程序最后
0x00,0x00,0x60,0x38,0x10,0x10,0x50,0xD6,0x54,0x30,0x10,0x28,0x18,0x10,0x00,0x00,
0x00,0x00,0x40,0x40,0x48,0x4A,0x4B,0x3E,0x2A,0x29,0x2B,0x20,0x20,0x00,0x00,0x00};
/*"室",0*//* (16 X 16，楷体 )*/
```

4.5.2 显示 16×16 信息函数

在 12864 显示屏指定位置，显示 16×16 点阵信息时，除了存放字模的数组 tab[]外，还需要起始页地址 qiye、起始列地址 qilie 两个与显示起始位置有关的入口参数。

采用双重循环控制页、列地址。外层循环控制变量为 i，控制 2 页；内层循环控制变量为 j，控制 16 列；变量 i、j 只是控制了点阵的大小，具体显示在屏幕的什么位置则取决于形参 qiye、qilie。

在内层的循环体中将 16×16 点阵的 32 个字节的字模发送至从起始地址开始的位置上。先调用 lcdshezhiyelie(i+qiye,j+qilie);设置显示位置，字模每个字节的页地址为 i+qiye，列址为 j+qilie；再调用 lcdxiezimo(tab[i*16+j]);发送字模，存放字模的一维数组有 32B，下标为 0~31，而 DDRAM 中字节的地址需要页地址和列地址方能定位，因此要将下标 0~31 用页地址的变量 i 和列地址的变量 j 表示，它们之间的关系为 i*16+j。

```
/*函数名：lcdxianshi16x16()
作用：将 16×16 的点阵从指定的起始位置显示。
入口参数：tab[]：存放 16*16 点阵信息的字模。
         qiye：存放显示位置的起始页地址。
```

qilie：存放显示位置的起始列地址。

出口参数：无

*/

```
void   lcdxianshi16x16(uchar   tab[ ],uchar   qiye, uchar qilie)
{
    uchar      i,j;
    for(i=0;i<2;i++)
    {
        for(j=0;j<16;j++)
        {
            lcdshezhiyelie(i+qiye,j+qilie);
            lcdxiezimo(tab[i*16+j]);
        }
    }
}
```

【随堂练习 4-7】

(1) 理解并注释显示 16 × 16 信息函数。

(2) 写出显示 16 × 16 信息函数的声明与调用。

4.5.3　源程序

```
#include <reg51.h>
#define uint unsigned int
#define uchar unsigned char

sbit   CS1=P2^5;
sbit   CS2=P2^2;
sbit   RS=P2^0;
sbit   RW=P2^4;
sbit   E=P2^1;
sbit   RST=P2^6;
uchar   code   shi[32];
uchar   code   nei[32];
uchar   code   wen[32];
uchar   code   du[32];
uchar   code   maohao[32];

void   lcdkaixianshi(void);
void   lcdguanxianshi(void);
```

```
void    lcdshezhiye(uchar ye);
void    lcdshezhilie(uchar lie);
void    lcdxiezimo(uchar zijie);
void    lcdshezhiyelie(uchar ye,uchar lie);
void    lcdqingping(void);
void    lcdchushihua(void);
void    lcdxianshi16x16(uchar tab[],uchar qiye,uchar qilie);
main()
{

        lcdchushihua();
        lcdxianshi16x16(shi,4,0);
        lcdxianshi16x16(nei,4,16);
        lcdxianshi16x16(wen,4,32);
        lcdxianshi16x16(du,4,48);
        lcdxianshi16x16(maohao,4,66);
        while(1);
}
void lcdxianshi16x16(uchar tab[],uchar qiye,uchar qilie)
{
        uchar i,j;
        for(i=0;i<2;i++)
        {
                for (j=0;j<16;j++)
                {
                        lcdshezhiyelie(i+qiye,j+qilie);
                        lcdxiezimo(tab[i*16+j]);
                }
        }
}
void lcdkaixianshi(void)
{
        P0=0X3F;
        RW=0;
        RS=0;
        E=1;
        E=0;
}
void lcdguanxianshi(void)
```

```
{
    P0=0X3E;
    RW=0;
    RS=0;
    E=1;
    E=0;
}
void lcdshezhiye(uchar ye)
{
    P0=0XB8|ye;
    RW=0;
    RS=0;
    E=1;
    E=0;
}
void lcdshezhilie(uchar lie)
{
    P0=0X40|lie;
    RW=0;
    RS=0;
    E=1;
    E=0;
}
void lcdxiezimo(uchar zijie)
{
    P0=zijie;
    RW=0;
    RS=1;
    E=1;
    E=0;
}
void lcdshezhiyelie(uchar ye,uchar lie)
{
    lcdshezhiye(ye);
    if(lie<64)       {CS1=1;CS2=0;lcdshezhilie(lie);}
    else             {CS1=0;CS2=1;lcdshezhilie(lie-64);}
}
void lcdqingping(void)
{
```

```
        uchar i,j;
        for(i=0;i<8;i++)
        {
                for(j=0;j<128;j++)
                {
                        lcdshezhiyelie(i,j);
                        lcdxiezimo(0);
                }
        }
}
void  lcdchushihua(void)
{
    RST=1;
    lcdguanxianshi();
    lcdshezhiye(0);
    lcdshezhilie(0);
    lcdkaixianshi();
    lcdqingping();
}
uchar code shi[32]={/*"室",0*//* (16 X 16，楷体 )*/
0x00,0x00,0x60,0x38,0x10,0x10,0x50,0xD6,0x54,0x30,0x10,0x28,0x18,0x10,0x00,0x00,
0x00,0x00,0x40,0x40,0x48,0x4A,0x4B,0x3E,0x2A,0x29,0x2B,0x20,0x20,0x00,0x00,0x00};
uchar code nei[32]={/*"内",1*//* (16 X 16，楷体 )*/
0x00,0x00,0x00,0xE0,0x20,0x20,0x20,0xFE,0xA0,0x10,0x10,0x10,0xF0,0x00,0x00,0x00,
0x00,0x00,0x00,0x3F,0x00,0x02,0x01,0x00,0x00,0x01,0x42,0x40,0x7F,0x00,0x00,0x00};
uchar code wen[32]={/*"温",2*/ /* (16 X 16，楷体 )*/
0x00,0x00,0x40,0x08,0x18,0x00,0x08,0xF8,0xA8,0x68,0x68,0x74,0x18,0x00,0x00,0x00,
0x00,0x00,0x30,0x0E,0x22,0x20,0x3E,0x22,0x1E,0x12,0x2E,0x22,0x1F,0x12,0x00,0x00};
uchar code du[32]={ /*"度",3*//* (16 X 16，楷体 )*/
0x00,0x00,0x00,0x00,0xF0,0x90,0xB0,0xF0,0x56,0xD8,0x28,0x48,0x00,0x00,0x00,0x00,
0x00,0x20,0x10,0x0C,0x43,0x40,0x40,0x2D,0x13,0x1E,0x22,0x60,0x40,0x40,0x40,0x00};
uchar code maohao[32]={   /*": ",4*//* (16 X 16，楷体 )*/
0x00,0x00,0x00,0x80,0x80,0x00,0x00,0x00,0x00,0x00,0x00,0x00,0x00,0x00,0x00,0x00,
0x00,0x00,0x00,0x31,0x31,0x00,0x00,0x00,0x00,0x00,0x00,0x00,0x00,0x00,0x00,0x00};
```

【随堂练习 4-8】

(1) 编辑并编译上述源程序后，下载观察效果。

(2) 显示自己的姓名，位置如图 4-1 所示。

4.5.4　练习

在 12864 上显示自己的班级，如图 4-1 所示。显示班级时，既有 16×16 点阵的汉字，也需要 $0 \sim 9$ 的字符，字符标准的点阵大小为 16×8。一个 16×16 点阵的汉字相当于 2 个 16×8 的字符。

(1) 计算出字模的大小。

16×8 点阵的字模 $= 16 \times 8/8 = 16B$。

(2) 确定显示信息在 12864 显示屏上所占的面积。16×8 点阵的行数为 16 行，占 2 页；每页 8 列。

(3) 确定显示信息起始位置的地址。

以"电气 13.2 班"为例。"电气 13.2 班"位于显示屏的第一行，第一行占用的是第 0 页和第 1 页，因此起始页地址为第 0 页；第 0 列开始先显示"班级："3 个 16×16 点阵，共用 48 列，"电"字只能从第 48 列开始显示，结合显示信息的列数，可计算出"电气 13.2 班"的起始地址为

① 电：第 0 页，第 48 列；
② 气：第 0 页，第 64 列；
③ 1：第 0 页，第 80 列；
④ 3：第 0 页，第 88 列；
⑤ "."：第 0 页，第 96 列；
⑥ 2：第 0 页，第 104 列；
⑦ 班：第 0 页，第 112 列。

(4) 取出显示信息的字模并存放。注意，"电"和"."的汉语拼音相同，不能重名。

```
uchar code dian[32]={…};/*"电",0*//* (16 X 16，楷体 )*/
uchar code xiaoshudian[16]={…};/*".",1*//* (8 X 16，楷体 )*/
```

(5) 编写显示该信息的函数。

```
/*函数名：lcdxianshi16x8()
作用：16×8 的点阵从指定的起始位置开始显示。
入口参数：tab[]：存放 16×8 点阵信息的字模。
qiye：存放显示位置的起始页地址。
qilie：存放显示位置的起始列地址。
出口参数：无
*/
void lcdxianshi16x8(uchar   tab[],uchar   qiye,uchar   qilie)
{
    uchar   i,j;
    for(i=0;i<2;i++)
    {
        for(j =0;j<8;j++)
```

```
                {
                        lcdshezhiyelie(i+qiye, j+qilie);
                        lcdxiezimo(tab[i*8+j]);
                }
        }
}
```

(6) 源程序

```
#include <reg51.h>
#define uint unsigned int
#define uchar unsigned char


sbit    CS1=P2^5;
sbit    CS2=P2^2;
sbit    RS=P2^0;
sbit    RW=P2^4;
sbit    E=P2^1;
sbit    RST=P2^6;
uchar   code   shi[32];
uchar   code   nei[32];
uchar   code   wen[32];
uchar   code   du[32];
uchar   code   maohao[32];
uchar   code   ban[32];
uchar   code   ji[32];
uchar   code   dian[32];
uchar   code   qi[32];
uchar   code   yi[16];
uchar   code   san[16];
uchar   code   xiaoshudian[16];
uchar   code   er[16];


void    lcdkaixianshi(void);
void    lcdguanxianshi(void);
void    lcdshezhiye(uchar ye);
void    lcdshezhilie(uchar lie);
void    lcdxiezimo(uchar zijie);
void    lcdshezhiyelie(uchar ye,uchar lie);
void    lcdqingping(void);
void    lcdchushihua(void);
```

```
void    lcdxianshi16x16(uchar tab[],uchar qiye,uchar qilie);
void    lcdxianshi16x8(uchar tab[],uchar qiye,uchar qilie);
main()
{

        lcdchushihua();
        lcdxianshi16x16(ban,0,0);
        lcdxianshi16x16(ji,0,16);
        lcdxianshi16x16(maohao,0,32);
        lcdxianshi16x16(dian,0,48);
        lcdxianshi16x16(qi,0,64);
        lcdxianshi16x8(yi,0,80);
        lcdxianshi16x8(san,0,88);
        lcdxianshi16x8(xiaoshudian,0,96);
        lcdxianshi16x8(er,0,104);
        lcdxianshi16x16(ban,0,112);
        lcdxianshi16x16(shi,4,2);
        lcdxianshi16x16(nei,4,18);
        lcdxianshi16x16(wen,4,34);
        lcdxianshi16x16(du,4,50);
        lcdxianshi16x16(maohao,4,66);
        while(1);
}
void lcdxianshi16x8(uchar tab[],uchar qiye,uchar qilie)
{
        uchar i,j;
        for(i=0;i<2;i++)
        {
            for (j=0;j<8;j++)
            {
                    lcdshezhiyelie(i+qiye,j+qilie);
                    lcdxiezimo(tab[i*8+j]);
            }

        }
}
void lcdxianshi16x16(uchar tab[],uchar qiye,uchar qilie)
{
        uchar i,j;
        for(i=0;i<2;i++)
```

```
    {
        for (j=0;j<16;j++)
        {
            lcdshezhiyelie(i+qiye,j+qilie);
            lcdxiezimo(tab[i*16+j]);
        }
    }
}
void lcdkaixianshi(void)
{
    P0=0X3F;
    RW=0;
    RS=0;
    E=1;
    E=0;
}
void lcdguanxianshi(void)
{
    P0=0X3E;
    RW=0;
    RS=0;
    E=1;
    E=0;
}
void lcdshezhiye(uchar ye)
{
    P0=0XB8|ye;
    RW=0;
    RS=0;
    E=1;
    E=0;
}
void lcdshezhilie(uchar lie)
{
    P0=0X40|lie;
    RW=0;
    RS=0;
    E=1;
    E=0;
```

```
    }
    void lcdxiezimo(uchar zijie)
    {
        P0=zijie;
        RW=0;
        RS=1;
        E=1;
        E=0;
    }
    void lcdshezhiyelie(uchar ye,uchar lie)
    {
        lcdshezhiye(ye);
        if(lie<64)        {CS1=1;CS2=0;lcdshezhilie(lie);}
        else              {CS1=0;CS2=1;lcdshezhilie(lie-64);}
    }
    void lcdqingping(void)
    {
        uchar i,j;
        for(i=0;i<8;i++)
        {
            for(j=0;j<128;j++)
            {
                lcdshezhiyelie(i,j);
                lcdxiezimo(0);
            }
        }
    }
    void  lcdchushihua(void)
    {
        RST=1;
        lcdguanxianshi();
        lcdshezhiye(0);
        lcdshezhilie(0);
        lcdkaixianshi();
        lcdqingping();
    }
    uchar code shi[32]={/*"室",0*//* (16 X 16，楷体 )*/
    0x00,0x00,0x60,0x38,0x10,0x10,0x50,0xD6,0x54,0x30,0x10,0x28,0x18,0x10,0x00,0x00,
```

```
0x00,0x00,0x40,0x40,0x48,0x4A,0x4B,0x3E,0x2A,0x29,0x2B,0x20,0x20,0x00,0x00,0x00};
uchar code nei[32]={/*"内",1*//* (16 X 16，楷体 )*/
0x00,0x00,0x00,0xE0,0x20,0x20,0x20,0xFE,0xA0,0x10,0x10,0x10,0xF0,0x00,0x00,0x00,
0x00,0x00,0x00,0x3F,0x00,0x02,0x01,0x00,0x00,0x01,0x42,0x40,0x7F,0x00,0x00,0x00};
uchar code wen[32]={/*"温",2*/ /* (16 X 16，楷体 )*/
0x00,0x00,0x40,0x08,0x18,0x00,0x08,0xF8,0xA8,0x68,0x68,0x74,0x18,0x00,0x00,0x00,
0x00,0x00,0x30,0x0E,0x22,0x20,0x3E,0x22,0x1E,0x12,0x2E,0x22,0x1F,0x12,0x00,0x00};
uchar code du[32]={ /*"度",3*//* (16 X 16，楷体 )*/
0x00,0x00,0x00,0x00,0xF0,0x90,0xB0,0xF0,0x56,0xD8,0x28,0x48,0x00,0x00,0x00,0x00,
0x00,0x20,0x10,0x0C,0x43,0x40,0x40,0x2D,0x13,0x1E,0x22,0x60,0x40,0x40,0x40,0x00};
uchar code maohao[32]={   /*": ",4*//* (16 X 16，楷体 )*/
0x00,0x00,0x00,0x80,0x80,0x00,0x00,0x00,0x00,0x00,0x00,0x00,0x00,0x00,0x00,0x00,
0x00,0x00,0x00,0x31,0x31,0x00,0x00,0x00,0x00,0x00,0x00,0x00,0x00,0x00,0x00,0x00};
uchar   code   ban[32]={ /*"班",0*//* (16 X 16，楷体 )*/
0x00,0x00,0x00,0x20,0xE0,0x10,0x80,0x00,0xF8,0x00,0x00,0xF0,0x10,0x10,0x00,0x00,
0x00,0x10,0x10,0x11,0x0F,0x41,0x21,0x1C,0x13,0x12,0x11,0x1F,0x11,0x10,0x00,0x00};
uchar   code   ji[32]={/*"级",1*/ /* (16 X 16，楷体 )*/
0x00,0x00,0xC0,0xB0,0x8C,0x40,0x20,0x20,0xE0,0x10,0xD0,0x38,0x10,0x00,0x00,0x00,
0x00,0x00,0x16,0x13,0x2A,0x28,0x18,0x26,0x21,0x16,0x08,0x17,0x20,0x20,0x00,0x00};
uchar   code   dian[32]={   /*"电",2*//* (16 X 16，楷体 )*/
0x00,0x00,0x20,0xE0,0x20,0xA0,0xFC,0xA4,0xA0,0x10,0xF0,0x70,0x00,0x00,0x00,0x00,
0x00,0x00,0x00,0x03,0x05,0x04,0x1F,0x22,0x22,0x22,0x21,0x20,0x20,0x38,0x00,0x00};
uchar   code   qi[32]={   /*"气",3*//* (16 X 16，楷体 )*/
0x00,0x00,0x00,0x00,0x10,0x08,0xAC,0xA8,0xA8,0x88,0x00,0x00,0x00,0x00,0x00,0x00,
0x00,0x00,0x00,0x01,0x01,0x01,0x00,0x00,0x00,0x1F,0x20,0x40,0x40,0x60,0x40,0x00};
uchar   code   yi[16]={ /*"1",4*/ /* (8 X 16，楷体 )*/
0x00,0x60,0x20,0xF0,0xF8,0x00,0x00,0x00,0x00,0x00,0x3F,0x3F,0x00,0x00,0x00};
uchar   code   san[16]={ /*"3",5*//* (8 X 16，楷体 )*/
0x00,0x30,0x18,0x08,0x88,0xD8,0x70,0x00,0x00,0x18,0x10,0x20,0x21,0x13,0x0E,0x00};
uchar   code   xiaoshudian[16]={ /*".",6*//* (8 X 16，楷体 )*/
0x00,0x00,0x00,0x00,0x00,0x00,0x00,0x00,0x00,0x30,0x30,0x00,0x00,0x00,0x00,0x00};
uchar   code   er[16]={/*"2",7*//* (8 X 16，楷体 )*/
0x00,0x30,0x18,0x08,0x08,0xD8,0x70,0x00,0x00,0x30,0x38,0x34,0x33,0x31,0x30,0x00};
```

【随堂练习 4-9】

(1) 编辑并编译上述源程序后，下载观察效果。

(2) 显示一个 32 × 32 的汉字，位置自定。

(3) 显示一幅图片，大小为 128 × 64。

4.6 12864 显示变量的值

4.6.1 二维数组

前面显示班级名称时,虽然用到了数字0～9,但是班级名称中的数字是常量,是固定不变的,如果显示变量 wendu 的值,它的取值范围是 0～99,就需要用到二维数组。二维数组与一维数组的区别在于,一维数组只有一个下标,用于存储表格中的一列数据,例如,"uchar a1[3];";而二维数组有两个下标,也称为矩阵,一个下标表示行数,另一个下标表示列数,可用于存储表格中的所有数据。

1. 二维数组的定义

二维数组定义的一般形式为

数据类型　　存储类型　　数组名[常量表达式 1][常量表达式 2];

上式中,常量表达式 1 表示二维数组的行数;常量表达式 2 表示二维数组的列数。

【例 4-4】 uchar a[3][4];

定义了一个名为 a 的二维数组,a 包含 3 行 4 列,可以用于存放一个 3 行 4 列表格中的所有数据。该数组共有 $3 \times 4 = 12$ 个元素,行下标从 0～2、列下标从 0～3,每个元素的下标如表 4-6 所示。

表 4-6 二维数组 a[3][4]

	第 0 列	第 1 列	第 2 列	第 3 列
第 0 行	a[0][0]	a[0][1]	a[0][2]	a[0][3]
第 1 行	a[1][0]	a[1][1]	a[1][2]	a[1][3]
第 2 行	a[2][0]	a[2][1]	a[2][2]	a[2][3]

【例 4-5】 存放 36 位同学,7 门功课的所有成绩。

相当于建立一个 36 行 7 列的表格。定义为 uchar cj1[36][7];

【例 4-6】 存放 0～9 的字模。

0～9 共 10 个,标准字符的点阵为 16×8,每一个 16×8 点阵字模的大小为 16B,相当于要建立一个 10 行 16 列的表格。定义为

uchar code shuzi[10][16]={…};

2. 二维数组的存储

用行列表格的形式表示二维数组,有助于理解逻辑上的概念,而存储器是一维的、线性的,各元素在存储器中是连续存放的。

在 C 语言中,二维数组在存储器中是按行存放的,且所有元素占用一片连续的存储单元。存放顺序是先存放第 1 行的所有元素,接着再存放第 2 行的元素。

数组 a[3][4]在存储器中的存放顺序如表 4-7 所示。假如数组 a 存放在从 1000 字节开始的连续单元中,一个元素占一个字节,1000～1003 字节中存放第 0 行中的 4 个元素,1004～1007 字节中存放第 1 行中的 4 个元素,以此类推。

表 4-7   二维数组 a[3][4]存放顺序示意

字节地址	字节内容	说　明
1000	a [0][0]	第 0 行元素
1001	a [0][1]	
1002	a [0][2]	
1003	a [0][3]	
1004	a [1][0]	第 1 行元素
1005	a [1][1]	
1006	a [1][2]	
1007	a [1][3]	
1008	a [2][0]	第 2 行元素
1009	a [2][1]	
100A	a [2][2]	
100B	a [2][3]	

二维数组在使用中需要注意:

(1) 数组中的所有元素在存储器中是连续存放的。

(2) 数组名代替了元素存放区域的首地址。

(3) 二维数组可以看作是一种特殊的一维数组,它的元素也是一个一维数组。例如,二维数组 a[3][4]看作是一维数组时,只有 3 个元素,分别为

a[0],a[1],a[2]

这三个元素分别代表了三行的行地址,它们也是由 4 个元素组成的一维数组,如表 4-8 所示。

表 4-8   二维数组 a[3][4]行地址

行地址				
a[0]	a[0][0]	a[0][1]	a[0][2]	a[0][3]
a[1]	a[1][0]	a[1][1]	a[1][2]	a[1][3]
a[2]	a[2][0]	a[2][1]	a[2][2]	a[2][3]

二维数组的每一行就是一个一维数组,每个一维数组的数组名就是该行的首地址。

3. 二维数组的初始化

二维数组的初始化分为全部初始化和部分初始化。这里只介绍全部初始化。

二维数组全部初始化可以按行分段赋初值,也可以按行连续赋初值。根据表 4-9 的内容完成数组 a[3][4]的初始化。

表 4-9   二维数组 a[3][4]初始化

	C 语言	电工	电子	高数
张同学	78	86	75	85
李同学	86	68	89	79
赵同学	90	88	83	82

(1) 按行分段赋初值。

```
uchar   a[3][4]=
{
```

```
        {78,86,75,85},

        {86,68,89,79},

        {90,88,83,82},

    };
```

按行分段赋初值是将表 4-9 中第 1 行张同学的成绩用第 1 对"{}"括起来,第 2 行李同学的成绩用第 2 对"{}"括起来,…,以此类推,在程序中分行书写时,相当于一个没有表格线的表格,非常直观。

(2) 按行连续赋初值。

```
        uchar    a[3][4]={78,86,75,85, 86,68,89,79,90,88,83,82};
```

按行连续赋初值是将表 4-9 中三位同学的所有成绩按行连续书写,没有了每一行的花括号,在数据多时,会连成一片,容易出错。

在对二维数组全部赋初值时,最好使用按行分段赋初值的方式。

【例 4-7】 数组 shuzi[10][16]用以存放 0~9 的字模,试对其进行初始化。

在 PCtoLCD2002 软件中连续输入 0~9,设置字模选项后,生成字模,复制粘贴至源程序的合适位置。

```
        uchar    code    shuzi[10][16]={

0x00,0xE0,0x10,0x08,0x08,0x10,0xE0,0x00,

0x00,0x0F,0x10,0x20,0x20,0x10,0x0F,0x00,/*"0",0*/

0x00,0x10,0x10,0xF8,0x00,0x00,0x00,0x00,

0x00,0x20,0x20,0x3F,0x20,0x20,0x00,0x00,/*"1",1*/

0x00,0x70,0x08,0x08,0x08,0x88,0x70,0x00,

0x00,0x30,0x28,0x24,0x22,0x21,0x30,0x00,/*"2",2*/

0x00,0x30,0x08,0x88,0x88,0x48,0x30,0x00,

0x00,0x18,0x20,0x20,0x20,0x11,0x0E,0x00,/*"3",3*/

0x00,0x00,0xC0,0x20,0x10,0xF8,0x00,0x00,

0x00,0x07,0x04,0x24,0x24,0x3F,0x24,0x00,/*"4",4*/

0x00,0xF8,0x08,0x88,0x88,0x08,0x08,0x00,

0x00,0x19,0x21,0x20,0x20,0x11,0x0E,0x00,/*"5",5*/

0x00,0xE0,0x10,0x88,0x88,0x18,0x00,0x00,

0x00,0x0F,0x11,0x20,0x20,0x11,0x0E,0x00,/*"6",6*/

0x00,0x38,0x08,0x08,0xC8,0x38,0x08,0x00,

0x00,0x00,0x00,0x3F,0x00,0x00,0x00,0x00,/*"7",7*/

0x00,0x70,0x88,0x08,0x08,0x88,0x70,0x00,

0x00,0x1C,0x22,0x21,0x21,0x22,0x1C,0x00,/*"8",8*/

0x00,0xE0,0x10,0x08,0x08,0x10,0xE0,0x00,

0x00,0x00,0x31,0x22,0x22,0x11,0x0F,0x00};/*"9",9*/
```

4. 二维数组元素的引用

引用二维数组的元素有以下两种形式。

(1) 引用一个元素。

引用二维数组中的一个元素时，需要给出行、列下标，引用形式为

　　　数组名[下标][下标]

例如，a[1][2]表示数组 a 中第 1 行第 2 列的元素。

引用时，要注意：下标应是整型表达式；数组元素可以出现在表达式中，也可以被赋值；下标不能超范围。

例如，a[2-1][2/1]

　　　　　a[1][2]=a[1][3]*2

均为正确的引用。

例如，a[2][4]，是错误的引用，列下标超范围；

　　　　　a[1,2]，引用格式错误，行下标与列下标应使用 2 个方括号。

(2) 引用一行元素(一维数组)。

在需要时，也可一次引用二维数组中的一行元素，引用形式为

　　　数组名[行下标]

二维数组的每行元素相当于一个一维数组，一维数组的名称代表了该行数据的首地址。

例如，取出表 4-9 中张同学的所有成绩：a[0]

例如，取出 8 的字模：shuzi[8]

　　　　取出 2 的字模：shuzi[2]

例如，有一变量 x，取值范围为 0~9，在 12864 上显示 x 的值时，要先取出 x 的字模：shuzi[x]

【随堂练习 4-10】

建立数据表，存放"一~七"的字模，并取出"六"的字模。

4.6.2　显示变量的值

在图 4-1 所示效果图"室内温度："后显示变量 wendu 的值，初值为 26。

(1) 取模，定义数组存放 0~9 的字模。

```
uchar code shuzi[10][16];              //数组定义，写在开始处
uchar code shuzi[10][16]={....};       //数组赋初值，写在最后
```

(2) 编程。

定义变量 wendu 并赋初值 26；在主函数中调用函数 lcdxianshi16x8()，分别显示 wendu 的十位与个位。

```
lcdxianshi16x8(shuzi[wendu/10],4,72);     //显示十位
lcdxianshi16x8(shuzi[wendu%10],79);       //显示个位
```

源程序如下：

```
#include <reg51.h>
#define uint unsigned int
#define uchar unsigned char
```

```
sbit    CS1=P2^5;
sbit    CS2=P2^2;
sbit    RS=P2^0;
sbit    RW=P2^4;
sbit    E=P2^1;
sbit    RST=P2^6;
uchar   code   shi[32];
uchar   code   nei[32];
uchar   code   wen[32];
uchar   code   du[32];
uchar   code   maohao[32];
uchar   code   ban[32];
uchar   code   ji[32];
uchar   code   dian[32];
uchar   code   qi[32];
uchar   code   yi[16];
uchar   code   san[16];
uchar   code   xiaoshudian[16];
uchar   code   er[16];
uchar   code   shuzi[10][16];

void   lcdkaixianshi(void);
void   lcdguanxianshi(void);
void   lcdshezhiye(uchar ye);
void   lcdshezhilie(uchar lie);
void   lcdxiezimo(uchar zijie);
void   lcdshezhiyelie(uchar ye,uchar lie);
void   lcdqingping(void);
void   lcdchushihua(void);
void   lcdxianshi16x16(uchar tab[],uchar qiye,uchar qilie);
void   lcdxianshi16x8(uchar tab[],uchar qiye,uchar qilie);
main()
{
    uchar wendu=26;
    lcdchushihua();
    lcdxianshi16x16(ban,0,0);
    lcdxianshi16x16(ji,0,16);
    lcdxianshi16x16(maohao,0,32);
    lcdxianshi16x16(dian,0,48);
    lcdxianshi16x16(qi,0,64);
```

```
        lcdxianshi16x8(yi,0,80);
        lcdxianshi16x8(san,0,88);
        lcdxianshi16x8(xiaoshudian,0,96);
        lcdxianshi16x8(er,0,104);
        lcdxianshi16x16(ban,0,112);

        lcdxianshi16x16(shi,4,2);
        lcdxianshi16x16(nei,4,18);
        lcdxianshi16x16(wen,4,34);
        lcdxianshi16x16(du,4,50);
        lcdxianshi16x16(maohao,4,66);
        while(1)
        {
                lcdxianshi16x8(shuzi[wendu/10],4,82);
                lcdxianshi16x8(shuzi[wendu%10],4,90);
        }
}
void lcdxianshi16x8(uchar tab[],uchar qiye,uchar qilie)
{
        uchar i,j;
        for(i=0;i<2;i++)
        {
                for (j=0;j<8;j++)
                {
                        lcdshezhiyelie(i+qiye,j+qilie);
                        lcdxiezimo(tab[i*8+j]);
                }
        }
}
void lcdxianshi16x16(uchar tab[],uchar qiye,uchar qilie)
{
        uchar i,j;
        for(i=0;i<2;i++)
        {
                for (j=0;j<16;j++)
                {
                        lcdshezhiyelie(i+qiye,j+qilie);
                        lcdxiezimo(tab[i*16+j]);
                }
        }
```

```c
    }
    void lcdkaixianshi(void)
    {
        P0=0X3F;
        RW=0;
        RS=0;
        E=1;
        E=0;
    }
    void lcdguanxianshi(void)
    {
        P0=0X3E;
        RW=0;
        RS=0;
        E=1;
        E=0;
    }
    void lcdshezhiye(uchar ye)
    {
        P0=0XB8 | ye;
        RW=0;
        RS=0;
        E=1;
        E=0;
    }
    void lcdshezhilie(uchar lie)
    {
        P0=0X40 | lie;
        RW=0;
        RS=0;
        E=1;
        E=0;
    }
    void lcdxiezimo(uchar zijie)
    {
        P0=zijie;
        RW=0;
        RS=1;
        E=1;
        E=0;
```

```
    }
void lcdshezhiyelie(uchar ye,uchar lie)
{
    lcdshezhiye(ye);
    if(lie<64)        {CS1=1;CS2=0;lcdshezhilie(lie);}
    else              {CS1=0;CS2=1;lcdshezhilie(lie-64);}
}
void lcdqingping(void)
{
    uchar i,j;
    for(i=0;i<8;i++)
    {
        for(j=0;j<128;j++)
        {
            lcdshezhiyelie(i,j);
            lcdxiezimo(0);
        }
    }
}
void  lcdchushihua(void)
{
    RST=1;
    lcdguanxianshi();
    lcdshezhiye(0);
    lcdshezhilie(0);
    lcdkaixianshi();
    lcdqingping();
}
uchar code shi[32]={/*"室",0*//*（16 X 16，楷体 )*/
0x00,0x00,0x60,0x38,0x10,0x10,0x50,0xD6,0x54,0x30,0x10,0x28,0x18,0x10,0x00,0x00,
0x00,0x00,0x40,0x40,0x48,0x4A,0x4B,0x3E,0x2A,0x29,0x2B,0x20,0x20,0x00,0x00,0x00};
uchar code nei[32]={/*"内",1*//*（16 X 16，楷体 )*/
0x00,0x00,0x00,0xE0,0x20,0x20,0x20,0xFE,0xA0,0x10,0x10,0x10,0xF0,0x00,0x00,0x00,
0x00,0x00,0x00,0x3F,0x00,0x02,0x01,0x00,0x00,0x01,0x42,0x40,0x7F,0x00,0x00,0x00};
uchar code wen[32]={/*"温",2*/ /* (16 X 16，楷体 )*/
0x00,0x00,0x40,0x08,0x18,0x00,0x08,0xF8,0xA8,0x68,0x68,0x74,0x18,0x00,0x00,0x00,
0x00,0x00,0x30,0x0E,0x22,0x20,0x3E,0x22,0x1E,0x12,0x2E,0x22,0x1F,0x12,0x00,0x00};
uchar code du[32]={ /*"度",3*//* (16 X 16，楷体 )*/
0x00,0x00,0x00,0x00,0xF0,0x90,0xB0,0xF0,0x56,0xD8,0x28,0x48,0x00,0x00,0x00,0x00,
0x00,0x20,0x10,0x0C,0x43,0x40,0x40,0x2D,0x13,0x1E,0x22,0x60,0x40,0x40,0x40,0x00};
```

```
uchar code maohao[32]={      /*":",4*//* (16 X 16，楷体 )*/
0x00,0x00,0x00,0x80,0x80,0x00,0x00,0x00,0x00,0x00,0x00,0x00,0x00,0x00,0x00,0x00,
0x00,0x00,0x00,0x31,0x31,0x00,0x00,0x00,0x00,0x00,0x00,0x00,0x00,0x00,0x00,0x00};
uchar   code   ban[32]={ /*"班",0*//* (16 X 16，楷体 )*/
0x00,0x00,0x00,0x20,0xE0,0x10,0x80,0x00,0xF8,0x00,0x00,0xF0,0x10,0x10,0x00,0x00,
0x00,0x10,0x10,0x11,0x0F,0x41,0x21,0x1C,0x13,0x12,0x11,0x1F,0x11,0x10,0x00,0x00};
uchar   code   ji[32]={/*"级",1*/ /* (16 X 16，楷体 )*/
0x00,0x00,0xC0,0xB0,0x8C,0x40,0x20,0x20,0xE0,0x10,0xD0,0x38,0x10,0x00,0x00,0x00,
0x00,0x00,0x16,0x13,0x2A,0x28,0x18,0x26,0x21,0x16,0x08,0x17,0x20,0x20,0x00,0x00};
uchar   code   dian[32]={    /*"电",2*//* (16 X 16，楷体 )*/
0x00,0x00,0x20,0xE0,0x20,0xA0,0xFC,0xA0,0xA0,0x10,0xF0,0x70,0x00,0x00,0x00,0x00,
0x00,0x00,0x00,0x03,0x05,0x04,0x1F,0x22,0x22,0x22,0x21,0x20,0x20,0x38,0x00,0x00};
uchar   code   qi[32]={      /*"气",3*//* (16 X 16，楷体 )*/
0x00,0x00,0x00,0x00,0x10,0x08,0xAC,0xA8,0xA8,0x88,0x00,0x00,0x00,0x00,0x00,0x00,
0x00,0x00,0x00,0x01,0x01,0x01,0x00,0x00,0x00,0x1F,0x20,0x40,0x40,0x60,0x40,0x00};
uchar   code   yi[16]={ /*"1",4*/ /* (8 X 16，楷体 )*/
0x00,0x60,0x20,0xF0,0xF8,0x00,0x00,0x00,0x00,0x00,0x00,0x3F,0x3F,0x00,0x00,0x00};
uchar   code   san[16]={ /*"3",5*//* (8 X 16，楷体 )*/
0x00,0x30,0x18,0x08,0x88,0xD8,0x70,0x00,0x00,0x18,0x10,0x20,0x21,0x13,0x0E,0x00};
uchar   code   xiaoshudian[16]={ /*".",6*//* (8 X 16，楷体 )*/
0x00,0x00,0x00,0x00,0x00,0x00,0x00,0x00,0x00,0x30,0x30,0x00,0x00,0x00,0x00,0x00};
uchar   code   er[16]={/*"2",7*//* (8 X 16，楷体 )*/
0x00,0x30,0x18,0x08,0x08,0xD8,0x70,0x00,0x00,0x30,0x38,0x34,0x33,0x31,0x30,0x00};
uchar   code   shuzi[10][16]={
0x00,0xE0,0x10,0x08,0x08,0x10,0xE0,0x00,
0x00,0x0F,0x10,0x20,0x20,0x10,0x0F,0x00,/*"0",0*/
0x00,0x10,0x10,0xF8,0x00,0x00,0x00,0x00,
0x00,0x20,0x20,0x3F,0x20,0x20,0x00,0x00,/*"1",1*/
0x00,0x70,0x08,0x08,0x08,0x88,0x70,0x00,
0x00,0x30,0x28,0x24,0x22,0x21,0x30,0x00,/*"2",2*/
0x00,0x30,0x08,0x88,0x88,0x48,0x30,0x00,
0x00,0x18,0x20,0x20,0x20,0x11,0x0E,0x00,/*"3",3*/
0x00,0x00,0xC0,0x20,0x10,0xF8,0x00,0x00,
0x00,0x07,0x04,0x24,0x24,0x3F,0x24,0x00,/*"4",4*/
0x00,0xF8,0x08,0x88,0x88,0x08,0x08,0x00,
0x00,0x19,0x21,0x20,0x20,0x11,0x0E,0x00,/*"5",5*/
0x00,0xE0,0x10,0x88,0x88,0x18,0x00,0x00,
0x00,0x0F,0x11,0x20,0x20,0x11,0x0E,0x00,/*"6",6*/
0x00,0x38,0x08,0x08,0xC8,0x38,0x08,0x00,
0x00,0x00,0x00,0x3F,0x00,0x00,0x00,0x00,/*"7",7*/
```

0x00,0x70,0x88,0x08,0x08,0x88,0x70,0x00,

0x00,0x1C,0x22,0x21,0x21,0x22,0x1C,0x00,/*"8",8*/

0x00,0xE0,0x10,0x08,0x08,0x10,0xE0,0x00,

0x00,0x00,0x31,0x22,0x22,0x11,0x0F,0x00};/*"9",9*/

📋 项目评价

项目名称		无字库 LCD 液晶显示器 12864			
评价类别	项 目	子项目	个人评价	组内互评	教师评价
专业能力(80)	信息与资讯(30)	屏幕管理机制(6)			
		地址描述(6)			
		指令(6)			
		显示函数(6)			
		二维数组(6)			
	计划(20)	原理图设计(10)			
		流程图(5)			
		程序设计(5)			
	实施(20)	实验板的适应性(10)			
		实施情况(10)			
	检查(5)	异常检查(5)			
	结果(5)	结果验证(5)			
社会能力(10)	敬业精神(5)	爱岗敬业与学习纪律			
	团结协作(5)	对小组的贡献及配合			
方法能力(10)	计划能力(5)				
	决策能力(5)				
评价	班级		姓名		学号
	总评	教师	日期		

项目练习

一、填空题

1. 无字库 12864 的显示屏大小为_____行、_____列,将显示屏均分为_____屏和_____屏,每半屏的大小是_____行、_____列,它们的地址_____,通过_____信号加以区分。

2. DDRAM 是指_____存储器,容量为_____,存放的内容是_____,它的地址与显示屏的_____一致。

3. 无字库 12864 的显示屏采用_____管理,每半屏分_____页,每页有_____列,确定显示位置时,应给出_____地址和_____地址。

4. 地址为第 7 页第 64 列时,在显示屏上的位置是_____。

5. 12864 的四种基本操作是_____、_____、_____、_____。

6. 设置显示位置时,需用到_____和_____指令。

7. 12864 的页地址范围是_____,列地址范围是_____。

8. 0x7f | 0x95=_____。

9. 一个 64×32 的图片在无字库 12864 显示屏上占用_____页,每页_____列。

10. 数组 a[10][12]是_____维数组,它可以存放_____个数据,包含_____个一维数组。

二、选择题

1. 无字库 12864 在取模时,取模方式为(   )。

    A. 逐行式   B. 逐列式   C. 列行式   D. 行列式

2. 字模写入 12864 的(   )中。

    A. IR   B. DR   C. DDRAM   D. CDROM

3. 无字库 12864 显示屏左屏右上角的地址为(   )。

    A. 第 0 页第 63 列   B. 第 0 页第 64 列

    C. 第 7 页第 63 列   D. 第 7 页第 64 列

4. 在 12864 显示屏的右下角,显示一个 32×32 的汉字时,起始位置为(   )。

    A. 第 5 页第 31 列   B. 第 5 页第 32 列

    C. 第 4 页第 36 列   D. 第 4 页第 32 列

5. 无字库 12864 用于选择左右屏的片选信号是(   )。

    A. RS   B. R/$\overline{w}$ C. E   D. CS1、CS2

6. R/$\overline{w}$ = 0, RS= 0 时,是(   )。

    A. 读数据操作   B. 写指令操作

    C. 读状态操作   D. 写数据操作

7. 无字库 12864 开显示的指令码是(   )。

    A. 0x3f   B. 0x3e   C. 0x40   D. 0xb8

8. 设置页列地址属于(   )。

    A. 读数据操作   B. 写指令操作

    C．读状态操作   D．写数据操作

9．能表示一个 4 行 3 列表格的是( )。

    A．uchar cj[3][4]；   B．uchar cj[12]；

    C．uchar cj[4][3]；   D．uchar cj[4][ ]；

10．一个 24×24 的图片的字模共有( )个字节。

    A.36   B.72   C.288   D.576

三、综合题

1．简述无字库 12864 的屏幕管理机制。

2．写出无字库 12864 显示信息所需的函数声明。

3．写出 lcdxianshi16x16()和 lcdxianshi16x8()的函数定义及函数声明，并写出显示"镇北路 6 号"的函数调用。

4．编写函数显示 64×64 的图片。

5．声明一个数组存放表 4-10 中的数据，并赋初值；然后取出张同学的政治成绩，取出李同学的所有成绩。

表 4-10 项 目 练 习

	C 语言	高数	政治
张	85	90	70
李	85	68	65

项目五　基于 DS18B20 的数字温度计

项目任务

设计基于 DS18B20 的数字温度计，编程测量室内或人体等的温度，并在液晶显示器 12864 上显示温度值。显示效果如图 5-1 所示。

图 5-1　项目五显示效果图

数字温度计技术指标如下：

(1) 温度范围：10～40℃，保留 1 位小数。

(2) 分辨率：0.1℃。

项目目标

知识目标

❖ 了解常用的温度传感器。

❖ 了解温度测试框图及温度传感器的性能指标。

❖ 掌握 DS18B20 的特点、引脚、命令。

❖ 熟悉 DS18B20 中 ROM 与 RAM 的作用。

❖ 掌握 DS18B20 的数据格式，了解其原码与补码。

❖ 会看 DS18B20 的时序图。

❖ 掌握小数的显示方法。

❖ 掌握数据处理的步骤及方法。

能力目标

❖ 认识 DS18B20 并识别其引脚。

❖ 正确画出硬件电路图。

❖ 正确写出数据的原码与补码。

❖ 能够看懂时序图并编写所需函数。

❖ 编程在液晶显示器 12864 显示小数。

❖ 正确编写数据处理函数。

5.1　温度测试概述

5.1.1　温度传感器

传感器是把非电学的物理量(温度、湿度、压力、亮度等)转换为电学量(电压、电流、电容等)的一种组合器件，它是自动控制系统中最前端的部件。

温度传感器是最常用的传感器之一，其种类繁多：根据被测物体与传感器是否接触可分为接触式和非接触式；根据输出电信号的类型，可分为模拟式和数字式。图 5-2 所示为常用的一些温度传感器的实物图。

(a) 封闭式温度传感器　　(b) 热敏电阻　　(c) 数字式DS18B20　　(d) 红外测温模块TN9

图 5-2　常用温度传感器实物图

热敏电阻是最简单的温度传感器，它的阻值会随温度的变化而变化，是一种模拟式温度传感器，适用于中、低温测量。

DS18B20 与 TN9，均为数字式温度传感器。

热敏电阻和 DS18B20 是接触式的温度传感器；TN9 为非接触式的温度传感器。

除了上述介绍的普通温度传感器外，还有适用于超高温、超低温等极限场合使用的温度传感器，有兴趣的可以上网了解。

数字式温度传感器内集成了半导体温度传感器、ADC 等电路，因此可以直接将温度转换为单片机所需的数字量，使用方便，成为温度传感器发展的重要方向，并已逐渐取代模拟式传感器。随着科技的发展，数字式温度传感器还会体积越来越小、集成度越来越高，广泛应用于各个领域，为我们的生活提供便利。

【随堂练习 5-1】

上网查看温度传感器的价格，及特殊环境使用的温度传感器。

5.1.2　温度测试框图

数字式温度传感器测温框图如图 5-3 所示。

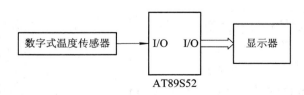

图 5-3　数字式温度测试框图

温度是体现环境质量最基本的一个物理量，数字式温度传感器可以将待测温度转换为数字量，再通过总线将数字量传递给单片机。

单片机的作用是读入数字量，再将数字量温度值还原为实际温度值。

显示器的作用是显示出实际温度值。

从单片机读入数字量至显示实际温度值的全过程，称之为数据处理。数据处理是各种测试控制系统中共同的、必不可少环节。

图 5-3 所示框图只能显示被测物体的温度值，添加加热装置，就可以构成恒温箱；添加语音装置，则可以自动语音报温。

5.1.3　性能指标

衡量温度传感器性能的指标，常用的有测温范围、精度、分辨率等。

1．测温范围

测温范围是温度传感器最基本的性能指标，与它的使用场合有密切的关系。

测温范围的不同，直接影响温度传感器的测试精度；从编程上看，也直接影响了数据处理的难易程度。

2．精度

精度是指温度传感器的读数与实际温度之间的差值，用于衡量数字式温度传感器测温准确程度。

精度指标和温度范围是相对应的。对于 $-25\sim100℃$ 温度范围来说，$\pm2℃$ 精度是很常见的。

3．分辨率

分辨率是指数字式温度传感器能识别的最小温度，实际是指数字式温度传感器中 ADC 的分辨率。

分辨率有两种表示方法：输出二进制数字信号的位数、摄氏温度值。分辨率用摄氏温度值来表示更为直接，该数值可直接用于设计分析。

数字式温度传感器输出数字量的位数越多，分辨率越高，能识别的最小温度也越小。

例如，DS18B20 输出的数字量有 9、10、11、12 位四种情况，数字量为 12 位时分辨率最高，但是它能感知的最小温度也是最低的，为 0.0625℃。

4．接口

数字式温度传感器一般采用串行接口，常用的有 I^2C、SPI 以及单总线接口。例如，DS18B20 采用的是单总线接口，TN9 采用的是 SPI 接口。

5．功耗

DS18B20 工作时电流典型值为 1 mA，最大也只到 1.5 mA，真正做到低功耗。

6．封装

同型号的数字式温度传感器会有各种不同的封装，用户可根据使用场地的环境来选择合适的封装形式。

【随堂练习 5-2】

(1) 某数字式温度传感器输出的数字量为 10 位，用于测量 0～10 V 的电压，试计算其分辨率。

(2) 测量同一温度时，分辨率为 9 位的温度传感器所能感知的最小温度变化_____分辨率为 12 位的温度传感器。(填大于或小于)

5.2　DS18B20 特点

1．特点

数字式智能温度传感器 DS18B20 是单总线器件(1-Wire 串行器件)，由 DALLAS 公司生产，其抗干扰能力强、精度高。通过 DS18B20 可以直接将温度转换为微处理器能够处理的数字量，除此之外，它还具有如下特点：

(1) 电压范围：+3.0~+5.5 V，并可工作于寄生电源方式(用数据线供电)。

(2) 测温范围：−55~+125℃，在 −10~+85℃时精度为 ±0.5℃。

(3) 单总线接口方式：DS18B20 与微处理器只需要一条连线，就可以实现微处理器与 DS18B20 之间的双向通信。

(4) 分辨率可编程设置。DS18B20 共有 9、10、11、12 位四种分辨率，通过编程可改变，实现高精度测温。

(5) 在使用中不需要任何外围元件。传感元件和 ADC 转换器集成在一起。

(6) 支持多点组网功能，多个 DS18B20 可以并联使用，实现多点组网测温。

(7) 掉电保护功能。由 E^2PROM 存储分辨率及报警温度。

(8) 负压特性。电源极性接反时，DS18B20 不会因发热而烧毁，但不能正常工作。

2．应用场合

DS18B20 有各种各样的封装形式(即外观)，在实际应用时，可以根据应用场地的环境选择合适的封装形式。DS18B20 常用于以下场合：

(1) 冷冻库、粮仓、储罐、机房、电缆线槽等测温和控制领域。

(2) 轴瓦、缸体、空调等狭小空间工业设备测温和控制。

(3) 汽车空调、冰箱、冷柜以及中低温干燥箱等。

(4) 供热、制冷管道、中央空调分户热能计量和工业领域测温和控制。

【随堂练习 5-3】

上网了解 DS18B20 的各种封装形式。

5.3　硬 件 设 计

5.3.1　DS18B20 引脚图

1．引脚图

图 5-4 所示为实验箱所用 DS18B20 的外形图和引脚图。

(a) 数字式DS18B20外形图   (b) 引脚图

图 5-4   DS18B20 的外形图和引脚图

· GND—地。

· DQ—数据输入/输出引脚，为开漏的(需外接上拉电阻)单总线接口引脚。工作于寄生电源方式时，由 DQ 向 DS18B20 提供电源。

· VCC—可选外接电源。在寄生电源方式时接地。

2．应用电路

图 5-5 所示为 DS18B20 常见应用电路，其中图 5-5(a)为单点测温外部供电方式，外部供电方式是 DS18B20 的最佳工作方式，工作稳定可靠，抗干扰能力强，而且电路也比较简单；

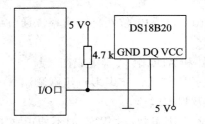
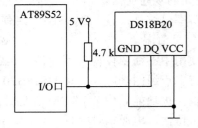

(a) 单点测温外部供电方式   (b) 单点测温寄生电源供电方式

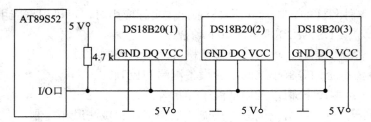

(c) 多点测温组网外部供电方式

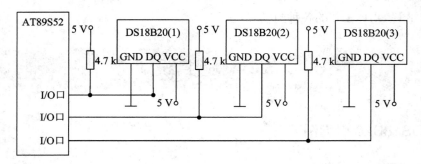

(d) 简易单点测温外部供电方式

图 5-5   DS18B20 典型应用电路

图 5-5(b)为单点测温寄生电源供电方式，寄生电源方式在进行远距离测温时，无需本地电源，连接也更为简洁，但是只适用于单点测温；图 5-5(c)为多点测温组网外部供电方式，多个 DS18B20 共用一个 I/O 口，是由于每个 DS18B20 都有一个唯一的地址，编程相对单点测温要复杂；图 5-5(d)为简易的多点测温外部供电方式，给每一个 DS18B20 分配一个 I/O 口，虽然占用的 I/O 口增加了，但是多个 DS18B20 之间互不影响，编程简单。

【随堂练习 5-4】

实验箱所用 DS18B20 的外形和 90 系列高频小功率的外形相同，简述这种外形的引脚识别方法。

5.3.2　数字温度计硬件设计

数字式温度计的硬件设计图如图 5-6 所示。

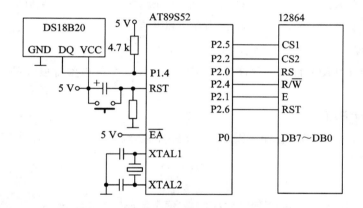

图 5-6　数字温度计硬件电路图

项目任务要求显示测量温度值的同时，还要显示一些辅助信息，因此选用液晶显示器 12864 作为显示器件。只显示温度值时，也可用数码管作为显示器件。12864 引脚分配与项目四完全相同。

DS18B20 采用外部供电方式，实现单点测温，数据线 DQ 与单片机的 P1.4 相连，编程时采用位寻址。

【随堂练习 5-5】

写出 DS18B20 数据线 DQ 的定义语句。

5.4　DS18B20 内部结构

数字式温度传感器 DS18B20 内部主要由 3 部分组成：64 位 ROM、E^2PROM 和高速缓存 RAM，如图 5-7 所示。

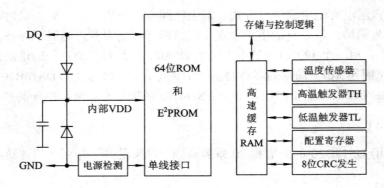

图 5-7　DS18B20 内部结构图

1．64 位 ROM

64 位 ROM 中存放着 DS18B20 的地址码,每个 DS18B20 的地址码是唯一的。DS18B20 的地址码就是一个 64 位序列号,该序列号是 DS18B20 在出厂前就刻好的,因此一条总线上可以同时挂接多个 DS18B20,而不会出现混乱现象。

2．E²PROM

可电擦除的 E²PROM 用于存储 DS18B20 的分辨率及报警温度,断电后,不需重新设置。

3．高速缓存 RAM

高速缓存 RAM 共 9B,存储了温度值、温度的高温限值 TH、低温限值 TL、配置寄存器及 CRC 校验值。

5.5　DS18B20 高速缓存 RAM

5.5.1　高速缓存 RAM

高速缓存 RAM 由 9 个字节组成,各字节的内容如表 5-1 所示。

表 5-1　高速缓存 RAM

字节地址	0	1	2	3	4	5	6	7	8
字节内容	温度值低 8 位	温度值高 8 位	高温限值 TH	低温限值 TL	配置寄存器	保留全 1	保留全 1	保留全 1	CRC校验值

第 0、第 1 字节中存放的是 DS18B20 转换后所得的 9～12 位数字量温度值,该数字量是用补码表示的。

第 2、第 3 字节中存放的是温度报警所需的上限与下限温度值。

第 4 字节为配置寄存器,用以改变 DS18B20 的分辨率。

第 8 字节为 CRC(循环冗余)校验值。

5.5.2　原码、反码、补码

在 C 语言中，字符型与整型数分为无符号数和有符号数。

有符号数的表示方法有三种，即原码、反码和补码。

原码、反码和补码均由两部分组成，即符号位(最高位)和数值位(剩余位)。符号位均是"0 正 1 负"；而数值位，三种表示方法各不相同。

在计算机中，有符号数一律用补码来表示和存储。原因有三，一是使用补码，可以将符号位和数值位统一处理；二是将减法转变为加法统一处理；三是补码与原码相互转换，运算过程是相同的，不需要额外的硬件电路。

补码在生活中也随处可见。

例如，将钟表的时间由 9 点调整为 8 点时，有两种方法：一种是逆时针拨 1 小时，另一种是顺时针拨 11 小时。用数学表示为

$$9 - 1 = 8$$
$$9 + 11 = 20 - 12 = 8$$

从数学的角度，可以看出在 12(称为模)小时制的时钟系统中，加 11 和减 1 的效果是一样的，因此可以用加法来替代减法。

当模为 12 时，可以说 11 和 1 互为补码，另外 10 和 2，9 和 3，8 和 4，7 和 5，6 和 6 都存在互为补码这个特性。它们的共同点是一个数与它的补码的和等于模。

因此在计算补码时，一定要先确定模。下面以 8 位二进制数(位 7 为符号位，位 6～位 0 是数据位)为例，介绍原码与补码的转换方法。

1．由原码求补码

(1) 正整数的补码=原码。

【例 5-1】　写出数+15 的原码与补码。

原码=00001111=0x0f

补码=00001111=0x0f

(2) 负整数的补码=~原码(除符号位)+1=反码+1。

"~"为 C 语言中的按位非运算。

【例 5-2】　写出数–15 的原码与补码。

原码=10001111=0x8f

补码=~10001111+1=11110000+1=11110001=0xf1

2．由补码求原码

正整数的原码=补码

负整数的原码=~补码(除符号位)+1

【例 5-3】　补码为 0x16 时，求原码并写出该数的值。

因为，补码 0x16=00010110 的符号位(位 7)为 0，所以是一个正数的补码。

所以，原码=补码=0x16=+22

【例 5-4】　补码为 0xe6 时，求原码并写出该数的值。

因为，补码 0xe6=11100110 的符号位(位 7)为 1，所以是一个负数的补码。

所以   原码=~补码(除符号位)+1

$$=\sim 0xe6+1$$

$$=\sim 11100110+1$$

$$=10011001+1$$

$$=10011010$$

$$=-26$$

3. 4 位二进制不同表示方法对比

由表 5-2 可知：

(1) 4 位二进制无符号数的表示范围是：$0\sim15(2^4-1)$。

(2) 4 位二进制有符号数补码的表示范围是：$-8\sim+7(2^3-1)$。

表 5-2   4 位二进制不同表示方法对比

十进制 无符号数	二进制	十进制 有符号数	二 进 制		
			原码	反码	补码
0	0000	+7	0111	同原码	同原码
1	0001	+6	0110	同原码	同原码
2	0010	+5	0101	同原码	同原码
3	0011	+4	0100	同原码	同原码
4	0100	+3	0011	同原码	同原码
5	0101	+2	0010	同原码	同原码
6	0110	+1	0001	同原码	同原码
7	0111	+0	0000	同原码	同原码
8	1000	−0	1000	1111	0000
9	1001	−1	1001	1110	1111
10	1010	−2	1010	1101	1110
11	1011	−3	1011	1100	1101
12	1100	−4	1100	1011	1100
13	1101	−5	1101	1010	1011
14	1110	−6	1110	1001	1010
15	1111	−7	1111	1000	1001
		−8	超范围	超范围	1000

【随堂练习 5-6】

(1) 写出数+36、−20 的原码与补码。

(2) 补码为 0x32、0xc3 时，求原码并写出该数的值。

5.5.3 数据格式

1. 数据格式

DS18B20 转换后的数字量有 $9\sim12$ 位四种，在出厂时默认配置为 12 位，此时 DS18B20 的分辨率最高，能识别的最小温度变化值也最低。下面以 12 位为例介绍 DS18B20 的数据格式。

DS18B20 的数字量以带符号扩展的补码形式存放在高速缓存器的第 0 和第 1 个字节，如表 5-3 所示。

表 5-3　DS18B20 数字量(补码)存放格式(12 位)

字节地址	字节内容							
第 1 字节(高 8 位)	S	S	S	S	S	2^6	2^5	2^4
第 0 字节(低 8 位)	2^3	2^2	2^1	2^0	2^{-1}	2^{-2}	2^{-3}	2^{-4}

表 5-3 中 12 位数字量，符号位 S(位 11)，0 正 1 负；数据位 11 位(位 10～位 0)。11 位数据位由 7 位整数和 4 位小数组成。

DS18B20 能识别的最小温度由最低位决定。

12 位数字量时分辨率=2^{-4}，用 0.0625℃/LSB 形式表示，也就是说数字量的最低位由 0 变 1，模拟的温度值增加 0.0625℃。

表 5-4 所示为 DS18B20 温度范围内的一些典型的温度值。

表 5-4　DS18B20 典型温度值

温度℃	温度值(二进制补码)		温度值 (十六进制)
	符号位 S	数据位(11 位)	
+125	0	11111010000	07D0
+25.0625	0	00110010001	0191
+10.125	0	00010100010	00A2
+0.5	0	00000001000	0008
0	0	00000000000	0000
−0.5	1	11111111000	FFF8
−10.125	1	11101011110	FF5E
−25.0625	1	11001101111	FE6F
−55	1	10010010000	FC90

2. 十六进制数的合成

DS18B20 输出的数字量分为高 8 位和低 8 位存入两个字节，单片机需要分 2 次读入，因此在转换为实际温度值之前，要先将高 8 位和低 8 位合成为一个 16 位的数。步骤如下：

(1) 先将高位数左移若干位。

(2) 高位数的位数补足后，再与低位数按位或。

【例 5-5】　有两个十六进制数 0x6、0x59，试合成 0x659。

(1) 将高位的数 0x6 与 0x659 相比，少了 2 位十六进制数，因此先要将 0x6→0x600，通过左移 8 位(1 位十六进制=4 位二进制)得到。

$$0x6<<8=0110<<8=011000000000=0x600$$

注意：C 语言的左移、右移是针对二进制数运算的，但是书写的形式是十六进制。

(2) 将 0x600 与低位数 0x59 按位或。

$$0x600|0x59=0x659$$

(3) 两步写在一起后得：
$$0x6<<8|0x59 = 0x659$$

【随堂练习 5-7】

(1) 在【例 5-5】中，合成 0x596。

(2) 有两个无符号整型的变量 a 和 b，用变量 b 作为高位，合成一个数后，存入变量 c，试写出相关语句。

3. 实际温度

(1) 符号位 S = 0 时，表示实际温度≥0。
$$实际温度=数字量 × 0.0625$$

(2) 符号位 S = 1 时，表示实际温度<0。
$$实际温度 = (\sim数字量 + 1) × 0.0625$$

【例 5-6】 已知 DS18B20 转换后数字量的低 8 位是 0x91，高 8 位是 0x01，试计算实际温度值。

(1) 合成 16 位数字量。
$$0x0191 = 0x01<<8 | 0x91$$

(2) 计算实际温度。

因为数字量 0x0191 的符号位为 0，所以实际温度大于 0。故
$$实际温度 = 0x0191 × 0.0625$$
$$= (1 × 16^2 + 9 × 16^1 + 1 × 16^0) × 0.0625$$
$$= 401 × 0.0625$$
$$= 25.0625℃$$

【例 5-7】 已知 DS18B20 转换后数字量的低 8 位是 0x6f，高 8 位是 0xfe，试计算实际温度值。

(1) 合成 16 位数字量。
$$0xfe6f = 0xfe<<8|0x6f$$

(2) 计算实际温度。

因为数字量 0xfe6f 符号位为 1，所以实际温度小于 0。故
$$实际温度= (\sim0xfe6f + 1) × 0.0625$$
$$= -(0x0190 + 1) × 0.0625$$
$$= -0x0191 × 0.0625$$
$$= -401 × 0.0625$$
$$= -25.0625℃$$

4. 显示小数

1) 显式强制类型转换符

C51 中显式强制类型转换的一般形式为
$$(类型说明符)(表达式);$$
其作用是将表达式的运算结果强制转换成类型说明符所表示的类型。

【例 5-8】　将浮点型常量 5.89 转换为整型。可以表示为

$$(int)(5.89) = 5$$

注意：在把浮点型转换为整型时，只保留整数部分，将小数全部舍去。

2) 小数的显示

从上可知，根据数字量计算出的实际温度值，一般为小数，但是显示器是不能直接显示小数的。怎么办呢？我们只能根据精度的要求，将小数或负数转换为正整数后显示，然后在需要的位置人为添加小数点。步骤如下：

(1) 根据精度要求，保留 n 位小数。即乘以 10^n。

(2) 四舍五入，加上 0.5。

(3) 将上述结果强制转换为整型。

(4) 显示处理后的整型数，并添加小数点。

【例 5-9】　有一浮点型常量 25.0625，保留 2 位小数，四舍五入后转换为整型后显示。试写出相关操作。

第一步：保留 2 位小数　　　　$25.0625 \times 100 = 2506.25$

第二步：四舍五入　　　　　　$2506.25 + 0.5 = 2506.75$

第三步：强制转换　　　　　　$(int)(2506.75) = 2506$

第四步：显示 2506。将 2506 拆分为千位、百位、十位、个位后显示，并在百位后添加小数点。

注意：前三步也可写一个表达式为 $(int)(25.0625 \times 100 + 0.5) = 2506$。

【例 5-10】　编写函数，在液晶显示器 12864 上显示 98.5642，保留 1 位小数，四舍五入。

```
/*函数名：xianshi1()
入口参数：无
出口参数：无
作用：在 12864 上显示 98.6，显示位置自定。
说明：
函数中用到的字模及函数声明如下：
uchar    code    dian[16];              //存放小数点的字模
uchar    code    shuzi[10][16];         //存放0～9的字模
void    lcdxianshi16x8(uchar tab[],uchar qiye,uchar    qilie);//12864 显示字符函数
*/
void    xianshif(void)
{
        float        af=98.5642;
        unsigned    int        ai;
        ai=(unsigned    int)(af*10+0.5);
        lcdxianshi16x8(shuzi[ai/100],0,0);
        lcdxianshi16x8(shuzi[ai/10%10],0,8);
        lcdxianshi16x8(dian,0,16);
```

```
        lcdxianshi16x8(shuzi[ai%10],0,32);
    }
```

【例 5-11】　有两个数，0x8d 和 0x2。编写函数，在液晶显示器 12864 上显示 0x28d*0.125，要求保留 2 位小数，四舍五入。

分析：

$$0x28d \times 0.125$$
$$=(2 \times 16^2 + 8 \times 16^1 + 13) \times 0.125$$
$$=653 \times 0.125$$
$$=81.625$$

/*函数名：xianshi2()

入口参数：无

出口参数：无

作用：在 12864 上显示 0x28d*0.125，显示位置自定。

*/

```
void    xianshi2(void)
{
    unsigned   char   c1=0x8d, c2=0x2;
    unsigned   int    ci1,ci2;
    float         cf;
    ci1= c2<<8|c1;
    cf=ci1*0.125;
    ci2=(unsigned   int)(ci1*100+0.5);
    lcdxianshi16x8(shuzi[ci2/1000],2,0);
    lcdxianshi16x8(shuzi[ci2/100%10],2,0);
    lcdxianshi16x8(dian,2,16);
    lcdxianshi16x8(shuzi[ci2/10%10],2,8);
    lcdxianshi16x8(shuzi[ci2%10],2,32);
}
```

【随堂练习 5-8】

(1) 解释下面的语句，并写出执行结果。

```
unsigned   int   a;
float   b=26.97;
a=(unsigned   int)(b);
```

(2) 解释例 5-11 中各变量的作用。

5.5.4　配置寄存器

配置寄存器字节中各位的含义如表 5-5 所示。

表 5-5　配　置　寄　存　器

位地址	位 7	位 6	位 5	位 4	位 3	位 2	位 1	位 0
位内容	TM	R1	R0	1	1	1	1	1

· 位 4～位 0 一直都是"1";

· 位 7:TM 是测试模式位,用于设置 DS18B20 是工作模式还是测试模式。在 DS18B20 出厂时,TM 位被设置为 0,用户不要去改动。

· 位 6 和位 5:R1 和 R0 用来设置 DS18B20 分辨率,如表 5-6 所示。DS18B20 在出厂时,分辨率被设置为 12 位。

表 5-6　DS18B20 分辨率设置表

R1	R0	分　辨　率		温度最大转换时间
		位数	摄氏度	
0	0	9 位	0.5	93.75 ms
0	1	10 位	0.25	187.5 ms
1	0	11 位	0.125	375 ms
1	1	12 位	0.0625	750 ms

5.6　DS18B20 命令

5.6.1　ROM 命令

1. 跳过 ROM,指令码 CCH

该指令的作用是忽略 DS18B20 温度传感器的地址,直接向 DS18B20 发送温度转换命令。只适用于单片机 I/O 口接一块 DS18B20 的情况。

2. 读 ROM,指令码 33H

该指令的作用是读 DS18B20 温度传感器 ROM 中的 64 位编码(即地址)。

3. 匹配 ROM,指令码 55H

发出此命令之后,接着发出 DS18B20 的 64 位 ROM 地址,访问单总线上与该地址相对应的 DS18B20 使之作出响应,为下一步对该 DS18B20 的读写作准备。

4. 搜索 ROM,指令码 F0H

该指令用于确定在同一总线上挂接 DS18B20 的个数,并识别 64 位 ROM 地址。为操作各器件作好准备。

5. 告警搜索命令,指令码 ECH

该指令执行后只有实际温度超过设定值上限或下限的芯片才能够做出响应。

多点测温时,如果单片机的 I/O 口足够使用,在一个 I/O 口线上只连接一片 DS18B20,就可以像单点测温一样,不用读取 ROM 地址及匹配 ROM,只要用跳过 ROM 命令,就可以启动 DS18B20 进行温度转换并读取结果了。

5.6.2　RAM 命令

1．温度转换，指令码 44H

该指令的作用是启动 DS18B20 进行温度转换，12 位分辨率时转换时间最长为 750 ms (9 位为 93.75 ms)。转换后数字量的低 8 位存入高速缓存 RAM 的第 0 字节，高 8 位存入第 1 字节中。

2．读暂存器，指令码 BEH

该命令的作用是读高速缓存 RAM 中 9 个字节的内容。该命令只是通知 DS18B20，要读高速缓存 RAM，并不能读出所需的内容。

3．写暂存器，指令码 4EH

该命令的作用是向高速缓存 RAM 的第 2 字节写入温度报警所需的上限温度，向第 3 字节写入温度报警所需的下限温度，向第 4 字节写入配置寄存器所需数值。在该命令之后，紧跟着传送上限、下限温度及配置寄存器的数据。也可以在任何时刻发出复位命令来中止写入。

4．复制暂存器，指令码 48H

该命令的作用是将高速缓存 RAM 中第 2～4 字节的内容复制到 EEPROM 中。

5．调 EEPROM，指令码 B8H

该命令的作用是将 EEPROM 中内容恢复到 RAM 中的第 2～4 字节。

6．读供电方式，指令码 B4H

该命令的作用是读 DS18B20 的供电模式。寄生电源供电时，DS18B20 发送 "0"；外接电源供电时，DS18B20 发送 "1"。

5.7　DS18B20 时序图及函数

由于 DS18B20 是在一根 I/O 线上读写数据的，因此，DS18B20 有严格的通信协议(读写的数据位的时序要求)来保证各位数据传输的正确性和完整性。该协议包含：初始化时序、读时序、写时序。

主机与 DS18B20 之间传送数据和命令时，都是先传送低位、后传送高位。

5.7.1　DS18B20 初始化时序及函数

单总线上的所有操作均从初始化序列开始。初始化序列包括主机发出一复位脉冲，接着由从属器件送出存在脉冲。存在脉冲让总线控制器知道 DS18B20 在总线上且已准备好操作。

1．DS18B20 初始化时序

如图 5-8 所示为 DS18B20 的初始化时序图。

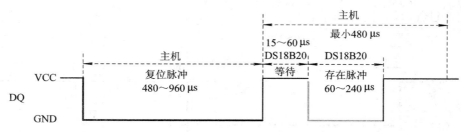

图 5-8　DS18B20 的初始化时序图

初始化步骤如下：

(1) 主机发出复位脉冲(负脉冲)，宽度为 480～960 μs。

(2) DS18B20 上电后，检测主机发出的复位脉冲，检测到后，等待 15～60 μs。

(3) DS18B20 发出存在脉冲(负脉冲)，宽度为 60～240 μs。

(4) 主机发出复位脉冲后，就开始检测 DS18B20 发出的应答脉冲，如检测到，表示 DS18B20 应答，从第 2 步开始最少延时 480 μs；未检测到，表示没有 DS18B20 应答。

如果电路中只有一个 DS18B20，主机在发出复位脉冲后，可以不等 DS18B20 应答，直接进行下一步。

2．DS18B20 初始化函数

```
/*
函数名：ds18b20chushihua ()
作用：初始化 DS18B20。
入口参数：无
出口参数：无
说明：由主机发出复位脉冲。
        void   delayus(uint   a);
*/
void    ds18b20chushihua(void)
{
    DQ=1; delayus(8);
    DQ=0; delayus(80);
    DQ=1; delayus(14);
}
```

【随堂练习 5-9】

(1) 画出上升沿、下降沿、正脉冲以及负脉冲。

(2) 编写函数，产生正脉冲，宽度为 100 μs。

5.7.2　DS18B20 写操作时序及函数

1．写操作时序

写操作时，数据由单片机传送给 DS18B20。DS18B20 的写操作时序分为写 0 时序和写

1 时序两个过程，如图 5-9 所示。

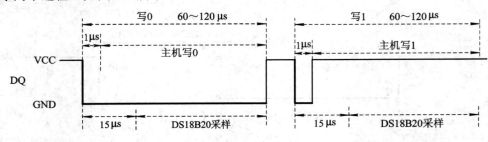

图 5-9　DS18B20 写操作时序图

写时序步骤如下：

(1) 主机拉低总线 DQ，1 μs，表示写周期开始。

(2) 主机将待传送的 1 位数据送至总线 DQ，先传送低位，保持 60～20 μs。

(3) 主机释放总线 DQ 为 1，为下次操作总线作准备。

(4) 步骤(1)～(3)重复 8 次，发送一个字节。

在写周期内，DS18B20 在检测到总线被拉低并等待 15 μs 后，开始采样总线，接收数据。

2．DS18B20 写函数

```
/*函数名：ds18b20xie( )
作用：由主机向 DS18B20 写入一个字节的数据。
入口参数：zijie：存放待写入的一个字节的数据，
出口参数：无
*/
void    ds18b20xie(uchar    zijie)
{
    uchar    i;
    for(i=0;i<8;i++)
    {
        DQ=0;                        //拉低总线
        if(zijie&0x01)    DQ=1;      //取出形参 zijie 的位 0 并送至 DQ
        else              DQ=0;
        delayus(5);
        DQ=1;                        //拉高总线
        zijie=zijie>>1;              //变量 zijie 右移一位，为了下一次取出位 0 作准备
    }
}
```

【随堂练习 5-10】

(1) 写出 DS18B20 写函数的函数声明及调用。

(2) 将变量 b 的位 7 送给变量 a，试写出实现此要求的语句。

5.7.3 DS18B20 读操作时序及函数

1. DS18B20 读操作时序

读操作时，数据由 DS18B20 传送给单片机。DS18B20 的读时序分为读 0 时序和读 1 时序两个过程，如图 5-10 所示。

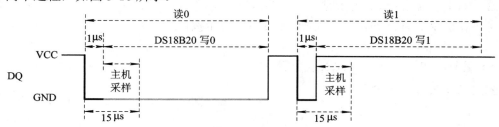

图 5-10 DS18B20 的读时序图

读时序步骤如下：

(1) 主机拉低总线 DQ，1 μs。

(2) 主机释放总线 DQ 为 1，为了让 DS18B20 将数据传送至总线 DQ。DS18b20 在检测到总线被拉低 1 μs 后，送一位数据至 DQ，先传送低位。

(3) 主机在 15 μs 内，采样总线 DQ，读入一位数据并存放。

(4)步骤(1)～(3)重复 8 次，读入一个字节。

2. 二进制数的合成

主机从 DS18B20 读取数据时，每次只能读入一位二进制 0 或 1，一个字节的数据主机需要读 8 次，共读入了 8 个一位二进制数。

单片机处理数据时，要将 8 个一位二进制数根据高低位合成一个 8 位二进制数。然后才能进行后续处理。

变量 zijie 用于存放分 8 次读入的 8 个一位二进制数，并赋初值 0。表 5-7 给出了串行从 DQ 接收一个字节的数据 0xd5=11010101 时的全过程。

表 5-7 从 DQ 串行接收 0xd5

接收的次数	DQ	zijie	
		右移一位	接收 DQ 至位 7
1	位 0=1	00000000	10000000
2	位 1=0	01000000	01000000
3	位 2=1	00100000	10100000
4	位 3=0	01010000	01010000
5	位 4=1	00101000	10101000
6	位 5=0	01010100	01010100
7	位 6=1	00101010	10101010
8	位 7=1	01010101	11010101

DS18B20 先发送的是位 0，但在表 5-7 中，却没有将位 0 存到 zijie 的位 0，而是存到了位 7，这是由于串行接收一个字节时，用循环 for 语句实现时，只能将每次接收到的一位数据存至固定的位置(位 7)，然后通过右移运算，在第 8 次接收时，移至正确的位置。

单片机串行读入一个字节的数据，并且先发送位 0 时，步骤如下：

(1) 存放接收数据的变量先右移 1 位。

(2) 判断待接收的数据为 1 时，将 1 存至位 7。

将 1 存至变量 zijie 的位 7，其他位不变时，可用按位或运算"|"实现。

zijie=zijie|0x80;

(3) 重复(1)(2)8 次之后，读入一个字节。

3. DS18B20 读函数

```
/*函数名：ds18b20du()
作用：单片机串行接收 DS18B20 发送的一个字节的数据。
入口参数：无
出口参数：zijie：局部变量，存放串行接收的一个字节的数据。
*/
uchar    ds18b20du(void)
{
    uchar    i;
    uchar    zijie=0;
    for(i=0;i<8;i++)
    {
        DQ=0;                    //拉低总线
        zijie=zijie>>1;          //为接收 DQ 至变量 zijie 的位 7 作准备
        DQ=1;                    //拉高总线
        if(DQ) zijie=zijie|0x80; //DQ 为 1 时，存至 zijie 的位 7
        delayus(5);
    }
    return(zijie);
}
```

【随堂练习 5-11】

(1) 将 0 存至变量 ad 的位 7，试写出实现此要求的表达式。

(2) 将 1 存至变量 c 的位 0，试写出实现此要求的表达式。

(3) 写出 DS18B20 读函数的函数声明及调用。

5.8　数据读取并处理函数

数据处理是单片机控制系统为了正确显示结果所做的一些操作。为了便于理解，这里，将读取数据、数据处理、数据显示这三个连续的过程安排在一起完成。

5.8.1　数据读取并处理过程

DS18B20 与主机的通信功能是分时完成的，有严格的时序要求，主机对 DS18B20 的各种操作必须按协议进行，否则 DS18B20 不响应主机。

根据 DS18B20 的通信协议，主机控制 DS18B20 完成温度转换必须经过三个步骤：

第一步：每次读写前对 DS18B20 进行复位操作。

第二步：至少发送一条 ROM 指令。

第三步：最后发送 RAM 指令。

DS18B20 的数据读取并处理的具体步骤如下：

(1) 启动 DS18B20 开始温度转换。

① 主机复位；② 主机发送跳过 ROM 指令；③ 主机发送温度转换命令。

(2) 分两次读取 DS18B20 转换后的 12 位数字量。

① 主机复位；② 主机发送跳过 ROM 指令；③ 主机发送读 RAM 命令。④ 调用读函数读取转换后的温度值。

读取高速缓存 RAM 时，不需要发送字节地址，默认地从高速缓存 RAM 的第 0 字节开始读取，一直进行下去，直到第 8 字节读完。

也就是说，第一次调用读函数时，读出的是第 0 字节的内容；第二次调用读函数，读出的是第 1 字节的内容；…。

如果不想读完所有字节，可以根据需要读取字节数据的个数控制调用读函数的次数，当然也可以在任何时刻发出复位命令来中止读取。

(3) 合成 16 位的数字量。

(4) 将 16 位的数字量转换为实际温度值(浮点型)。

(5) 将实际温度值(浮点型)转换为整型。

(6) 显示实际温度(整型)，并在合适的位置添加小数点。

5.8.2　数据读取并处理函数

/*函数名：ds18b20sjcl ()

作用：实现从启动 DS18B20 开始温度转换一直到显示实际温度的全过程，显示结果保留 1 位小数。温度范围：10～40℃。

入口参数：无 void

出口参数：无 void

说明：

shuzidi8：存放数字量温度值的低 8 位；

shuzigao8：存放数字量温度值的高 8 位；

shuzi16：存放 16 位数字量温度值；

monif：存放实际温度值(浮点型)；

moniint：存放实际温度值(整型)，即待显示的数据。

```
*/
void    ds18b20sjcl(void)
{
    uchar    shuzidi8,shuzigao8;
    uint     shuzi16;
    float    monif;
    uint     moniint;
    ds18b20chushihua();              //18B20 初始化
    ds18b20xie(0xcc);                //跳过 ROM，指令码 0XCC
    ds18b20xie(0x44);                //启动 18B20 温度转换，指令码 0X44
    ds18b20chushihua();
    ds18b20xie(0xcc);
    ds18b20xie(0xbe);                //读高速缓存 RAM，指令码 0XBE
    shuzidi8=ds18b20du();            //读数字量的低 8 位
    shuzigao8=ds18b20du();           //读数字量的高 8 位
    shuzi16=shuzigao8<<8|shuzidi8;   //合成 16 位数字量
    monif=shuzi16*0.0625;            //16 位数字量转换为实际温度值

    moniint=(uint)(monif*10+0.5);             //浮点型实际温度变为整型，保留 1 位小数
    lcdxianshi16x8(shuzi[moniint/100],4,86);  //显示整型实际温度的百位
    lcdxianshi16x8(shuzi[moniint/10%10],4,94);//显示整型实际温度的十位
    lcdxianshi16x8(xiaoshudian,4,102);        //显示小数点
    lcdxianshi16x8(shuzi[moniint%10],4,110);  //显示整型实际温度的个位
}
```

【随堂练习 5-12】

(1) 显示结果保留 2 位小数时，试分析数据处理函数中的相关语句。

(2) 测温范围为 0～99℃，试分析数据处理函数中的相关语句。

5.9   数字温度计源程序

数字温度计源程序如下：

```
/*预处理*/
#include    <reg51.h>
#define  uint  unsigned  int
#define  uchar  unsigned  char

/*全局变量定义*/
sbit    CS1=P2^5;
```

```
sbit    CS2=P2^2;
sbit    RS=P2^0;
sbit    RW=P2^4;
sbit    E=P2^1;
sbit    RST=P2^6;
sbit    DQ=P1^4;
uchar    code    ji[32];
uchar    code    shi[32];
uchar    code    nei[32];
uchar    code    wen[32];
uchar    code    du[32];
uchar    code    maohao[32];
uchar    code    sheshidu[32];
uchar    code    xiaoshudian[16];
uchar    code    shuzi[10][16];

/*函数声明*/
void    lcdkaixianshi(void);
void    lcdguanxianshi(void);
void    lcdshezhiye(uchar ye);
void    lcdshezhilie(uchar lie);
void    lcdxiezimo(uchar zijie);
void    lcdshezhiyelie(uchar ye,uchar lie);
void    lcdqingping(void);
void    lcdchushihua(void);
void    lcdxianshi16x16(uchar tab[],uchar qiye,uchar qilie);
void    lcdxianshi16x8(uchar tab[],uchar qiye,uchar qilie);
void    delayus (uint a);
void    ds18b20chushihua(void);
void    ds18b20xie(uchar zijie);
uchar    ds18b20du(void);
void    ds18b20sjcl(void);
/*主函数*/
main()
{
    lcdchushihua();
    lcdxianshi16x16(wen,2,40);
    lcdxianshi16x16(du,2,56);
    lcdxianshi16x16(ji,2,72);
    lcdxianshi16x16(shi,4,2);
    lcdxianshi16x16(nei,4,18);
    lcdxianshi16x16(wen,4,34);
```

```
        lcdxianshi16x16(du,4,50);
        lcdxianshi16x16(maohao,4,66);
        lcdxianshi16x16(sheshidu,4,114);
        while(1)
        {
            ds18b20sjcl();
        }
}
void    ds18b20sjcl(void)
{
        uchar    shuzidi8,shuzigao8;
        uint     shuzi16;
        float    monif;
        uint       moniint;
        ds18b20chushihua();                      //18B20 初始化
        ds18b20xie(0xcc);                        //跳过 ROM，指令码 0XCC
        ds18b20xie(0x44);                        //启动 18B20 温度转换，指令码 0X44
        ds18b20chushihua();
        ds18b20xie(0xcc);
        ds18b20xie(0xbe);                        //读高速缓存 RAM，指令码 0XBE
        shuzidi8=ds18b20du();                    //读数字量的低 8 位
        shuzigao8=ds18b20du();                   //读数字量的高 8 位
        shuzi16=shuzigao8<<8|shuzidi8;           //合成 16 位数字量
        monif=shuzi16*0.0625;                    //16 位数字量转换为实际温度值
        moniint=(uint)(monif*10+0.5);            //浮点型实际温度变为整型，保留 1 位小数
        lcdxianshi16x8(shuzi[moniint/100],4,82); //显示整型实际温度的百位
        lcdxianshi16x8(shuzi[moniint/10%10],4,90); //显示整型实际温度的十位
        lcdxianshi16x8(xiaoshudian,4,98);        //显示小数点
        lcdxianshi16x8(shuzi[moniint%10],4,106); //显示整型实际温度的个位
}
uchar    ds18b20du(void)
{
        uchar    i;
        uchar    zijie=0;
        for(i=0;i<8;i++)
        {
            DQ=0;                   //拉低总线
            zijie=zijie>>1;         //为接收 DQ 至变量 zijie 的位 7 作准备
            DQ=1;                   //拉高总线
            if(DQ) zijie=zijie|0x80; //DQ 为 1 时，存至 zijie 的位 7
            delayus(5);
        }
```

```
        return(zijie);
    }
    void    ds18b20xie(uchar   zijie)
    {
        uchar   i;
        for(i=0;i<8;i++)
        {
            DQ=0;       //拉低总线
            if(zijie&0x01)    DQ=1;      //取出形参 zijie 的位 0 并送至 DQ
            else              DQ=0;
            delayus(5);
            DQ=1;                        //拉高总线
            zijie=zijie>>1;              //变量 zijie 右移一位，为了下一次取出位 0 作准备
        }
    }
    void    ds18b20chushihua(void)
    {
        DQ=1; delayus(8);
        DQ=0; delayus(80);
        DQ=1; delayus(14);
    }
    void delayus(uint    a)
    {
        while(a--);
    }
    void lcdxianshi16x8(uchar tab[],uchar qiye,uchar qilie)
    {
        uchar i,j;
        for(i=0;i<2;i++)
        {
            for (j=0;j<8;j++)
            {
                lcdshezhiyelie(i+qiye,j+qilie);
                lcdxiezimo(tab[i*8+j]);
            }
        }
    }
    void lcdxianshi16x16(uchar tab[],uchar qiye,uchar qilie)
    {
        uchar i,j;
        for(i=0;i<2;i++)
        {
```

```
                for (j=0;j<16;j++)
                {
                        lcdshezhiyelie(i+qiye,j+qilie);
                        lcdxiezimo(tab[i*16+j]);
                }
        }
}
void lcdkaixianshi(void)
{
    P0=0X3F;
    RW=0;
    RS=0;
    E=1;
    E=0;
}
void lcdguanxianshi(void)
{
    P0=0X3E;
    RW=0;
    RS=0;
    E=1;
    E=0;
}
void lcdshezhiye(uchar ye)
{
    P0=0XB 8 |ye;
    RW=0;
    RS=0;
    E=1;
    E=0;
}
void lcdshezhilie(uchar lie)
{
    P0=0X40 | lie;
    RW=0;
    RS=0;
    E=1;
    E=0;
}
void lcdxiezimo(uchar zijie)
{
    P0=zijie;
```

```
        RW=0;
        RS=1;
        E=1;
        E=0;
}
void lcdshezhiyelie(uchar ye,uchar lie)
{
        lcdshezhiye(ye);
        if(lie<64)          {CS1=1;CS2=0;lcdshezhilie(lie);}
        else                {CS1=0;CS2=1;lcdshezhilie(lie-64);}
}
void lcdqingping(void)
{
        uchar i,j;
        for(i=0;i<8;i++)
        {
                for(j=0;j<128;j++)
                {
                        lcdshezhiyelie(i,j);
                        lcdxiezimo(0);
                }
        }
}
void lcdchushihua(void)
{
        RST=1;
        lcdguanxianshi();
        lcdshezhiye(0);
        lcdshezhilie(0);
        lcdkaixianshi();
        lcdqingping();
}
uchar code ji[32]={ /*"计",0*//* (16 X 16，宋体 )*/
0x40,0x40,0x42,0xCC,0x00,0x40,0x40,0x40,0x40,0xFF,0x40,0x40,0x40,0x40,0x40,0x00,
0x00,0x00,0x00,0x7F,0x20,0x10,0x00,0x00,0x00,0xFF,0x00,0x00,0x00,0x00,0x00,0x00};
uchar code shi[32]={/*"室",1*/ /* (16 X 16，宋体 )*/
0x10,0x0C,0x24,0x24,0xA4,0x64,0x25,0x26,0x24,0x24,0xA4,0x24,0x24,0x14,0x0C,0x00,
0x40,0x40,0x48,0x49,0x49,0x49,0x49,0x7F,0x49,0x49,0x49,0x4B,0x48,0x40,0x40,0x00};
uchar code nei[32]={/*"内",2*//* (16 X 16，宋体 )*/
0x00,0xF8,0x08,0x08,0x08,0x08,0x88,0x7F,0x88,0x08,0x08,0x08,0x08,0xF8,0x00,0x00,
0x00,0xFF,0x00,0x08,0x04,0x02,0x01,0x00,0x00,0x01,0x02,0x4C,0x80,0x7F,0x00,0x00};
```

```
uchar code wen[32]={/*"温",3*//* (16 X 16，宋体  )*/
0x10,0x60,0x02,0x8C,0x00,0x00,0xFE,0x92,0x92,0x92,0x92,0x92,0xFE,0x00,0x00,0x00,
0x04,0x04,0x7E,0x01,0x40,0x7E,0x42,0x42,0x7E,0x42,0x7E,0x42,0x42,0x7E,0x40,0x00};
 uchar code du[32]={/*"度",4*/ /* (16 X 16，宋体  )*/
0x00,0x00,0xFC,0x24,0x24,0x24,0xFC,0x25,0x26,0x24,0xFC,0x24,0x24,0x24,0x04,0x00,
0x40,0x30,0x8F,0x80,0x84,0x4C,0x55,0x25,0x25,0x25,0x55,0x4C,0x80,0x80,0x80,0x00};
uchar code maohao[32]={/*"："  ",5*/ /* (16 X 16，宋体  )*/
0x00,0x00,0x00,0x00,0x00,0x00,0x00,0x00,0x00,0x00,0x00,0x00,0x00,0x00,0x00,0x00,
0x00,0x00,0x36,0x36,0x00,0x00,0x00,0x00,0x00,0x00,0x00,0x00,0x00,0x00,0x00,0x00};
uchar code sheshidu[32]={/*"℃",6*/    /* (16 X 16，宋体  )*/
0x06,0x09,0x09,0xE6,0xF8,0x0C,0x04,0x02,0x02,0x02,0x02,0x02,0x04,0x1E,0x00,0x00,
0x00,0x00,0x00,0x07,0x1F,0x30,0x20,0x40,0x40,0x40,0x40,0x40,0x20,0x10,0x00,0x00};
uchar code xiaoshudian[16]={/*".",7*/ /* (8 X 16，宋体  )*/
0x00,0x00,0x00,0x00,0x00,0x00,0x00,0x00,0x00,0x30,0x30,0x00,0x00,0x00,0x00,0x00};
uchar code shuzi[10][16]={
0x00,0xE0,0x10,0x08,0x08,0x10,0xE0,0x00,
0x00,0x0F,0x10,0x20,0x20,0x10,0x0F,0x00,/*"0",0*/
0x00,0x10,0x10,0xF8,0x00,0x00,0x00,0x00,
0x00,0x20,0x20,0x3F,0x20,0x20,0x00,0x00,/*"1",1*/
0x00,0x70,0x08,0x08,0x08,0x88,0x70,0x00,
0x00,0x30,0x28,0x24,0x22,0x21,0x30,0x00,/*"2",2*/
0x00,0x30,0x08,0x88,0x88,0x48,0x30,0x00,
0x00,0x18,0x20,0x20,0x20,0x11,0x0E,0x00,/*"3",3*/
0x00,0x00,0xC0,0x20,0x10,0xF8,0x00,0x00,
0x00,0x07,0x04,0x24,0x24,0x3F,0x24,0x00,/*"4",4*/
0x00,0xF8,0x08,0x88,0x88,0x08,0x08,0x00,
0x00,0x19,0x21,0x20,0x20,0x11,0x0E,0x00,/*"5",5*/
0x00,0xE0,0x10,0x88,0x88,0x18,0x00,0x00,
0x00,0x0F,0x11,0x20,0x20,0x11,0x0E,0x00,/*"6",6*/
0x00,0x38,0x08,0x08,0xC8,0x38,0x08,0x00,
0x00,0x00,0x00,0x3F,0x00,0x00,0x00,0x00,/*"7",7*/
0x00,0x70,0x88,0x08,0x08,0x88,0x70,0x00,
0x00,0x1C,0x22,0x21,0x21,0x22,0x1C,0x00,/*"8",8*/
0x00,0xE0,0x10,0x08,0x08,0x10,0xE0,0x00,
0x00,0x00,0x31,0x22,0x22,0x11,0x0F,0x00};/*"9",9*/
```

【随堂练习 5-13】

源程序编译成功之后，下载到芯片中。

然后根据程序中所用端口，将实验箱上液晶显示器 12864 的 DJ1 接 P0 口，DJ2 接 P2 口；核心板上的开关 s10(5)闭合后，如果程序正确无误，在 12864 上将会显示出室内的温度值。

　　硬件连线正确，但显示不出温度值时，重点检查 DS18B20 的初始化函数、写函数、读函数及数据处理函数。

　　室内温度显示正常后，测量人体温度时，可用手捏住 DS18B20，由于人的体温一般高于周围环境温度，温度值均会有不同程度的上升；或扇本子使温度值下降。

　　只有温度值会随测试目标的不同而改变时，才能确定数字式温度计工作完全正常。

　　DS18B20 焊接在核心板上，测量时要注意安全，不能采用任何有可能损坏电路板的测量方法。

项目评价

项目名称		基于 DS18B20 的数字温度计			
评价类别	项目	子项目	个人评价	组内互评	教师评价
专业能力(80)	信息与资讯(30)	温度传感器(5)			
		DS18B20(15)			
		数据处理过程及方法(10)			
	计划(20)	原理图设计(10)			
		流程图(5)			
		程序设计(5)			
	实施(20)	实验板的适应性(10)			
		实施情况(10)			
	检查(5)	异常检查(5)			
	结果(5)	结果验证(5)			
社会能力(10)	敬业精神(5)	爱岗敬业与学习纪律			
	团结协作(5)	对小组的贡献及配合			
方法能力(10)	计划能力(5)				
	决策能力(5)				
评价	班级		姓名		学号
			总评　　　　　教师　　　　　日期		

✎ 项目练习

一、填空题

1. DS18B20 是_____器件。

2. DS18B20 的测温范围是_____。

3. DS18B20 的分辨率为_____位，分辨率最高为_____位。

4. 寄生电源方式是指_____，此时 VCC 接_____。

5. 高速缓存 RAM 有_____字节，DS18B20 输出的数字量有_____个字节，存放在高速缓存 RAM 的_____、_____。

6. 正数的补码=_____，负数的补码=_____。

7. DS18B20 分辨率为 12 位时，符号位有_____位、整数有_____位、小数有_____位。

8. 0x69<<8|0x13=_____，作用是_____。

9. 取出变量 b 的高 4 位，表达式为_____；取出变量 b 的低 4 位，表达式为_____。

10. (int)(10.3476*100+0.5)=_____，作用是_____。

11. DS18B20 通讯协议包括 3 个时序，分别是_____、_____、_____。

二、选择题

1. 下图中，DS18B20 是(　　)。

　A.　　　　　B.　　　　　C.　　　　　D.

2. DS18B20 测温时，是否需要与被测物体接触，(　　)。
　A. 任意　　　　B. 不需要　　　　C. 需要

3. DS18B20 与控制器交换信息时，采用的是(　　)。
　A. SPI 总线　　　B. 单总线　　　C. I^2C 总线　　　D. UART

4. 高速缓存 RAM 的第 0 字节存放的是(　　)。
　A. 高温限值 TH　　　　　　B. 温度值高 8 位
　C. 低温限值 TL　　　　　　D. 温度值低 8 位

5. DS18B20 输出的数字量为(　　)。
　A. 原码　　　B. 反码　　　C. 补码　　　D. 不确定

6. 取出变量 C 的位 6，表达式为(　　)。
　A. C&0X80　　　B. C&0X08　　　C. C&0X40　　　D. C&0X04

7. DS18B20 分辨率为 12 位时，能感知的最低温度值为(　　)。
　A. 0.5　　　B. 0.25　　　C. 0.125　　　D. 0.625

8. 可以产生一个正脉冲的语句是(　　)。
　A. CLK=0;CLK=1;CLK=0;　　　B. CLK=1;CLK=0;CLK=1;
　C. CLK=0;CLK=1;　　　　　D. CLK=1;CLK=0;

9．DS18B20 测温时是将被测物体的温度转换为(　　)。

A．数字量　　　　　B．模拟量　　　　　C．不确定

10．和 90 系列三极管的外形相同的器件是(　　)。

A．TN9　　　　　B．DS18B20　　　　　C．热敏电阻　　　　　D．湿度传感器

三、综合题

1．计算 +16、−16 的补码。

2．如补码为 0xf6，求原码。

3．DS18B20 输出数字量为 0x00a2，计算实际温度。保留 1 位小数，四舍五入。

4．在 12864 上显示 25.369，保留 1 位小数。显示结果 25.37，显示位置自定。

5．有 3 个十六进制数 0x6、0x2、0x3，编程合成 0x236，并在 12864 上显示 0x236*0.0625，保留一位小数。

6．计算并解释运算的作用。已知 da=0x76

da&0x01　　da&0x80　　dal=0x80　　dal0x01

7．串行接收一个字节的数据，先接收的是位 7，简述接收过程。

项目六 环 境 测 试

 **项目任务**

在液晶显示器上显示出实验室内的温度、亮度及湿度。显示效果如图 6-1 所示。

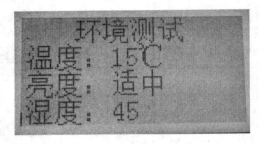

图 6-1 项目六显示效果图

环境测试技术指标如下：

(1) 系统工作电压：5V(DC)。

(2) 温度测量：分辨率：1℃。

测量范围：10～99℃。

测量误差：±2℃(0～50℃范围内的误差)。

(3) 湿度测量：分辨率：1%RH。

测量范围：0～99%RH。

测量误差：±20%RH。

(4) 亮度测量：分三个等级：弱、适中、强。

项目目标

知识目标

❖ 了解热敏电阻、光敏电阻及湿度传感器的原理。

❖ 了解模拟传感器的测试原理及其性能指标。

❖ 掌握 ADC0832 的作用、特点及引脚。

❖ 熟悉 ADC0832 的通道工作方式及其选择。

❖ 熟悉 ADC0832 的时序图。

❖ 熟悉矩形波频率的测试方法。

❖ 掌握温度、亮度及湿度的数据处理方法。

能力目标

❖ 认识热敏电阻、光敏电阻及湿度传感器。
❖ 正确画出环境测试框图及硬件电路图。
❖ 能够看懂 ADC0832 时序图并编写所需函数。
❖ 编程测试矩形波频率。
❖ 正确编写温度、亮度及湿度的数据处理函数。

6.1　环境测试框图

环境测试主要用于测试空气温度、空气湿度及亮度，如图 6-2 所示。

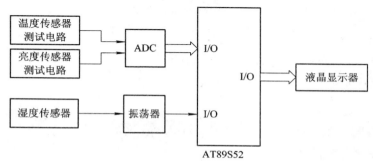

图 6-2　环境测试框图

测试温度和亮度时，采用的是电阻式传感器，通过传感器测试电路只能将被测对象转换为模拟电压，还需要通过 ADC(模/数转换器)将模拟电压转换为二进制表示的数字信号，才能传送给 AT89S52 单片机进行数据处理，最终将结果显示在液晶显示器上。

测试湿度时，由于湿度传感器为电容式的，将其作为多谐振荡器的一部分，将容量的变化转换为矩形波频率的变化，单片机通过测量矩形波的频率获得湿度值。

用液晶屏作为显示器，可以同时显示所测的 3 个结果。

【随堂练习 6-1】

(1) 如果显示器换成数码管，试画出环境测试框图。

(2) 环境测试时，除了温度、亮度及湿度外，还需要测试什么？

6.2　温亮度测试原理

测试环境的温度时，传感器件选用热敏电阻；测试亮度时，传感器件选用光敏电阻。它们共同的特点为电阻式模拟传感器。

热敏电阻为接触式模拟温度传感器，它的阻值会随被测物体温度的变化而变化。

热敏电阻分为正、负温度系数。温度增加时，阻值也增加，为正温度系数；温度增加时，阻值减小的则为负温度系数。本项目选用的热敏电阻为负温度系数。

光敏电阻的阻值与环境亮度的关系是固定的。光线越亮,阻值越小,称为亮阻;光线越暗,阻值越大,称为暗阻;亮阻与暗阻之间的差值越大,光敏电阻的性能越好。

图 6-3 所示为热敏电阻、光敏电阻的外形图及温亮度测试电路图。R2 为热敏电阻或光敏电阻,分压点 a 的电压将反映被测对象的变化。

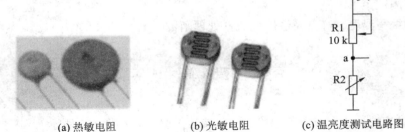

(a) 热敏电阻　　　　　　(b) 光敏电阻　　　　　(c) 温亮度测试电路图

图 6-3　温亮度测试电路图

【随堂练习 6-2】

(1) 写出图 6-3 所示温亮度测试电路中分压点 a 的电压。

(2) 分析图 6-3 所示分压点 a 的电压与被测对象之间的关系。

6.3　串行双通道 ADC0832

6.3.1　ADC0832 特点

模/数转换器 ADC0832 的作用是将输入的模拟量转换为输出的 8 位数字量。其特点如下:

(1) 电源电压,基准电压为 5 V,输入模拟电压范围为 0～5 V。

(2) 串行器件,逐次逼近型。

(3) 双通道模拟量输入。

(4) 8 位分辨率。

(5) 双数据输出。

(6) 转换时间 32 μs。

6.3.2　ADC0832 引脚图

1. 引脚图

ADC0832 引脚图如图 6-4 所示。

(a) 引脚图　　　　　　　　(b) 实物图

图 6-4　ADC0832 引脚图

- VCC(V_REF)——电源电压端(基准电压端)，电源为 5 V。
- GND——接地端
- CH0——模拟信号输入通道 0。
- CH1——模拟信号输入通道 1。
- DO——串行数字信号输出端，串行输出 8 位数字量。
- CLK——时钟信号输入端。
- $\overline{CS}$——片选信号输入端，低电平有效。只有 $\overline{CS}$ 有效时，才可以选中该芯片，进行 A/D 转换。
- DI—串行数据信号输入端(或通道选择端)，用以选择 CH0、CH1 两个模拟信号输入通道的 4 种工作方式。

2．应用电路

ADC0832 典型应用电路如图 6-5 所示。

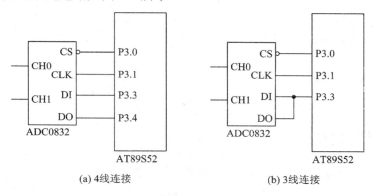

(a) 4线连接   (b) 3线连接

图 6-5　ADC0832 典型应用电路

一般情况下，ADC0832 与单片机通信需要 4 条数据线，分别是 $\overline{CS}$、CLK、DI 和 DO，如图 6-5(a)所示；但由于串行数据输出端 DO 与串行数据输入端 DI 在与单片机通信时，不能同时有效，并且单片机的 I/O 接口是双向的，所以电路设计时可以将 DO 和 DI 并联在一起使用，这样就只需要 3 条数据线，如图 6-5(b)所示；当然，如果控制系统中只有一片 ADC0832 时，也可将片选信号 $\overline{CS}$ 直接接地，只需要 2 条数据线。

6.3.3　ADC 性能指标

1．分辨率

ADC 的分辨率说明了它对输入模拟信号的分辨能力，用输出二进制数字信号的位数来表示。

从理论上讲，n 位输出的 ADC 可以区分 2^n 个不同等级的输入模拟电压，能识别的模拟电压的最小值为满量程的 $1/2^n$。

当最大模拟输入电压一定时，输出数字信号的位数越多，分辨率越高，能识别的最小模拟电压越低。

例如，输入模拟电压最大值为 5 V 时，8 位 ADC 能区分的最小输入电压为
$$5\ \text{V}/2^8 = 19.53\ \text{mV}$$

【例 6-1】 温度传感器的输出电压为 0～5 V，测温范围为 0～100℃，需要分辨的温度为 0.1℃时，试问应用选择多少位的 ADC？

将 0～100℃测温范围，按照 0.1℃的分辨温度进行划分，需要 100/0.1=1000 个等级。10 位 ADC 共有 2^{10}=1024 个状态，因此至少选用 10 位的 ADC。

2. 转换误差

转换误差表示 ADC 实际输出的数字量与理论输出数字量之间的差别。一般用最低有效位表示。例如，相对误差≤±LSB/2，表示实际输出的数字量和理论计算的数字量之间的误差应小于最低位的一半。

3. 转换时间

转换时间是指 ADC 从转换控制信号到来开始，到输出端得到稳定的数字信号所需要的时间。

不同类型的 ADC 转换速度相差甚远，实际选用时，应结合分辨率、精度、误差等方面综合考虑。

【随堂练习 6-3】

根据项目六的测温范围及分辨率，试分析选用 ADC0832 的理由。

6.3.4 温亮度测试硬件设计

图 6-6 所示为温度、亮度测试硬件电路图，共由四部分组成，分别是温亮度测试电路、ADC、AT89S52、12864。以温度上升为例，分析如下：

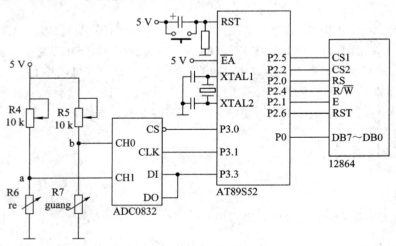

图 6-6 温亮度测试硬件电路图

当环境温度上升时，热敏电阻 R6 阻值减小(R6 为负温度系数)，分压点 a 的电压会随之下降，a 点电压输入给 ADC0832 的通道 CH1，经 A/D 转换后，从 DO 端输出的数字量也跟着下降，单片机 AT89S52 从 DO 端读入该数字量后，经温度数据处理函数处理后，还原

的实际温度值较之前升高，并在 12864 上显示出来。即：

$$环境温度↑→R6↓→Ua↓→Da↓→实际温度(显示值)↑$$

ADC0832 与 AT89S52 通信的数据线宜采用位寻址，约定的定义如下：

```
sbit    ADCCS=P3^0;
sbit    ADCDI=P3^3;
sbit    ADCCLK=P3^1;
sbit    ADCDO=P3^3;
```

【随堂练习 6-4】

结合图 6-6，分析当环境的光线变暗时，12864 的显示值做何变化？

6.3.5　ADC0832 通道选择

ADC0832 有两个模拟信号输入通道 CH0、CH1，每个通道模拟信号的输入方式又分为单端输入和差分输入两种，因此两个通道共有 4 种工作方式。

表 6-1　ADC0832 的通道工作方式

DI			通道方式	说 明
START	SGL	ODD		
0	×	×		无效
1	0	0	CH0+，CH1−	差分输入
1	1	0	CH0−，CH1+	
1	0	1	CH0	单端输入
1	1	1	CH1	

ADC0832 的 4 种工作方式由数字输入端 DI 进行选择，如表 6-1 所示。由 DI 输入 3 位串行控制字 START、SGL、ODD，用以设定 ADC0832 的通道工作方式。只有通道工作方式设定后，ADC0832 才可以开始模数转换。ADC0832 的 3 位串行控制字 START、SGL、ODD 的作用各不相同，如下所示：

- START 为开始信号，START=0，控制字无效；START=1，控制字有效。
- SGL 通道选择，SGL=0，选择 CH0；SGL=1，选择 CH1。
- ODD 输入方式选择，ODD=0，差分输入；ODD=1，单端输入。

【随堂练习 6-5】

根据图 6-6 确定通道工作方式控制字。

6.3.6　ADC0832 时序图及函数

1. ADC0832 的工作时序

ADC0832 工作时序图如图 6-7 所示。

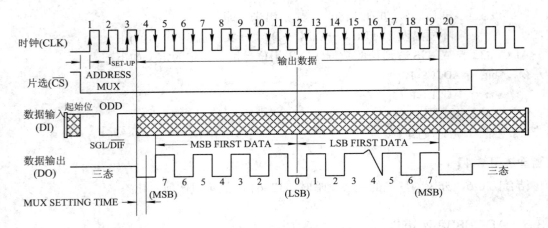

图 6-7 ADC0832 工作时序

ADC0832 的工作步骤如下:

(1) 启动 ADC0832。

图 6-7 中，在 CLK 的第一个上升沿，启动 ADC0832 进行 A/D 转换。

首先，应将 $\overline{CS}$ 置于低电平选中 ADC0832，$\overline{CS}$ 端的低电平应保持到转换结束；

其次，给 DI 端口发送串行控制字 START 位(开始信号)所需的高电平，表示 ADC0832 开始模数转换；

最后，给 CLK 送出第 1 个时钟脉冲，在该脉冲的上升沿处接收 DI 的电平；若读到高电平，ADC0832 开始工作。所以必须在时钟上升沿到来前将 DI 的状态设置好。

(2) 选择通道工作方式。

图 6-7 中，根据串行控制字 SGL 位设置 DI 后，给 CLK 送出第 2 个时钟脉冲，在该脉冲的上升沿处，接收 DI 的电平；根据 SGL 位选择通道 CH0 还是 CH1；

紧接着，根据串行控制字 ODD 位设置 DI 后，给 CLK 送出第 3 个时钟脉冲，仍在上升沿处接收 DI 的电平；根据 ODD 位选择单端输入还是差分输入。

串行控制字 SGL、ODD 根据表 6-1 进行设置。

在 CLK 第 3 个脉冲的下降沿处，DI 端的输入电平就失去输入作用，变成高阻态，此后 DO/DI 端开始利用数据输出 DO 进行转换数据的读取。在单片机通过 DO 读取数据之前，必须先给 DO/DI 输出 1，才能保证读入数据的准确性。

(3) 读取数据。

在 CLK 的第 4～11 个下降沿，第一次输出 A/D 转换后的 8 位数字量。由图 6-7 可知，在第 4 个下降沿时先输出的是数据的最高位，依次至第 11 个下降沿时输出数据的最低位，即按照先高位后低位的顺序完成一个字节数据的输出。

紧接着，在 CLK 的第 12～19 个下降沿，采用与第一次相反的顺序第二次输出 A/D 转换后的 8 位数字量。即第 11 个下降沿输出数据的最低位，直到第 19 个下降沿的最高位时，第二次数据输出完成，也标志着一次 A/D 转换结束。

ADC0832 将转换后的数字量以相反顺序输出两次，是为了起到校验作用，只有两次输出的数据相同时，才是正确的。一般只读出第一个字节的 8 个数据位即能满足要求，对于后 8 位数据，也可以不读。

(4) 结束状态。

当一次 A/D 转换结束时，要将 $\overline{CS}$ 置高电平，禁止该芯片。

【随堂练习 6-6】

(1) 在确定 ADC0832 的工作方式时，应为 CLK 发送_____沿，发送_____个。

(2) 单片机在读取 ADC0832 转换后的结果时，应为 CLK 发送_____沿，发送_____个。

2. ADC0832 函数

/*函数名：adc0832du()

作用：实现从启动 ADC0832、选择通道工作方式、读取数据直至结束状态全过程。

入口参数：形参 tongdao：存放待转换的通道号。

　　tongdao=1 时，选择通道 0 单端方式，用于亮度转换；

　　tongdao=3 时，选择通道 1 单端方式，用于温度转换。

出口参数：变量 shujv1：存放 ADC0832 转换后的 8 位数字量。

说明：

　　shujv1：存放第一次读入的 8 位数字量，先传送的是位 7。

　　shujv2：存放第二次读入的 8 位数字量，先传送的是位 0。

*/

```
uchar   adc0832du(uchar    tongdao)
{
    uchar   i=0;
    uchar   shujv1, shujv2;
    ADCCS=0;                        _nop_();  _nop_();
    ADCDI=1;                        _nop_();  _nop_();
    ADCCLK=1;                       _nop_();  _nop_();
    ADCCLK=0;                       _nop_();  _nop_();
    ADCCLK=1;                       _nop_();  _nop_();
    ADCDI=(tongdao>>1)&0x1;         _nop_();  _nop_();
    ADCCLK=0;                       _nop_();  _nop_();
    ADCCLK=1;                       _nop_();  _nop_();
    ADCDI=tongdao&0x01;             _nop_();  _nop_();
    ADCCLK=0;                       _nop_();  _nop_();
    ADCCLK=1;                       _nop_();  _nop_();
    ADCDI=1;                        _nop_();  _nop_();
    ADCCLK=0;                       _nop_();  _nop_();
    shujv1=0;
    for ( i=0;i<8;i++ )
    {
        shujv1=shujv1<<1;
```

```
        shujv1= shujv1|ADCDO;
        ADCCLK=1;              _nop_();   _nop_();
        ADCCLK=0;              _nop_();   _nop_();
    }
    shujv2=0;
    for(i=0;i<8;i++)
    {
        shujv2=shujv2>>1;
        if(ADCDO)             shujv2= shujv2|0x80;
        ADCCLK=1;              _nop_();   _nop_();
        ADCCLK=0;              _nop_();   _nop_();
    }
    ADCCS=1;
    ADCCLK=0;
    ADCDO=1;
    if (shujv1 = = shujv2 )    return(shujv1);
}
```

【随堂练习 6-7】

结合 ADC0832 的工作步骤，为函数 adc0832du()添加注释。

6.4　温亮度测试软件设计

6.4.1　温度数据读取并处理函数

1. 温度数据处理过程

温度数据处理就是将单片机通过 DO 引脚采集到的 8 位数字量还原为实际温度值并显示的过程。那么数字量与实际温度之间的关系是什么呢？

首先，分析 ADC 的转换关系，即模拟量 U 与数字量 D 之间的关系。

ADC0832 的输入模拟电压范围是 0～5 V，输出 8 位数字量的范围为 0x00～0xFF；因此当输入电压为 0 V 时，转换后的数字量为 0x00，输入电压为 5 V 时，转换后的数字量为 0xFF；所以模拟量与数字量之间应满足：

$$U = \frac{D}{51}$$

其次，分析传感器的传输特性，即输出电压 U 与实际温度 t 之间的关系。当 t = 10℃时，U = 5 V；当 t = 90 ℃时，U = 0 V；故当温度为 t 时，传感器的输出电压为

$$t = -16U + 90$$

最后，将 U=D/51 代入上式后得到：

$$t = -0.315D + 90$$

因此，要显示实际温度数值，需将采集到的数字量，根据 ADC 的转换关系并结合传感器的传输特性建立表达式，然后根据此表达式计算，便可得到实际温度值。

【随堂练习 6-8】

根据表 6-2 中给出的理论温度值，计算所对应的电压值与数字量。

表 6-2　温度测试理论计算值

温度值(℃)	22	24	26	28	30	32	34
电压值(V)							
数字量							

2. 温度数据处理函数

/*函数名：wendusjcl()

作用：将数字量温度值还原为实际温度值，不需要小数，并在 12864 上显示。

入口参数：形参 wendushuzi：存放待处理的数字量温度值，范围：0～255。

出口参数：无

说明：

wenduf：存放浮点型的实际温度值。

wenduint：存放整型的实际温度值。

*/

```
void     wendusjcl(uchar     wendushuzi)
{
        float     wenduf;
        uchar     wenduint;
        wenduf=-0.315*wendushuzi+90;
        wenduint=(uchar)(wenduf+0.5);
        lcdxianshi16x8(shuzi[wenduint/10],2,40);
        lcdxianshi16x8(shuzi[wenduint%10],2,48);
}
```

【随堂练习 6-9】

编程实现在实际温度值后显示出与其对应的数字量。

3. 温度测试源程序

```
/*预处理*/
#include <reg51.h>
#include <intrins.h>
#define uchar unsigned char
#define uint unsigned int


/*全局变量定义*/
```

```
sbit CS1=P2^5;
sbit CS2=P2^2;
sbit RS=P2^0;
sbit RW=P2^4;
sbit E=P2^1;
sbit RST=P2^6;
sbit ADCCS=P3^0;
sbit ADCDI=P3^3;
sbit ADCCLK=P3^1;
sbit ADCDO=P3^3;
uchar code shuzi[10][16];
uchar code huan[32];
uchar code jing[32];
uchar code ce[32];
uchar code ceshi[32];
uchar code wen[32];
uchar code du[32];
uchar code liang[32];
uchar code maohao[32];
uchar code shidu[32];
uchar code an[32];
uchar code liang[32];
uchar code shizhong[32];
uchar code zhong[32];
uchar code mie[32];
uchar code sheshidu[32];

/*函数声明*/
void lcdkaixianshi(void);
void lcdguanxianshi(void);
void lcdshezhiye(uchar ye);
void lcdshezhilie(uchar lie);
void lcdshezhiyelie(uchar ye,uchar lie);
void lcdxiezimo(uchar zijie);
void lcdqingping(void);
void lcdchushihua(void);
void lcdxianshi16x16(uchar tab[],uchar qiye,uchar qilie);
void lcdxianshi16x8(uchar tab[],uchar qiye,uchar qilie);
uchar  adc0832du(uchar  tongdao);
```

```
void      wendusjcl(uchar      wendushuzi);
void      liangdusjcl(uchar      liangdushuzi);
/*主函数*/
main()
{
     uchar wendu;
     lcdchushihua();
     lcdxianshi16x16(huan,0,30);
     lcdxianshi16x16(jing,0,46);
     lcdxianshi16x16(ce,0,62);
     lcdxianshi16x16(ceshi,0,78);
     lcdxianshi16x16(wen,2,3);
     lcdxianshi16x16(du,2,19);
     lcdxianshi16x16(maohao,2,35);
     lcdxianshi16x16(sheshidu,2,66);
     lcdxianshi16x16(liang,4,3);
     lcdxianshi16x16(du,4,19);
     lcdxianshi16x16(maohao,4,35);
     lcdxianshi16x16(shidu,6,3);
     lcdxianshi16x16(du,6,19);
     lcdxianshi16x16(maohao,6,35);
     while(1)
     {
          wendu=adc0832du(3);
          wendusjcl(wendu);
     }
}

void      wendusjcl(uchar      wendushuzi)
{
     float          wenduf;
     uchar      wenduint;
     wenduf=-0.315*wendushuzi+90;
     wenduint=(uchar)(wenduf+0.5);
     lcdxianshi16x8(shuzi[wenduint/10],2,40);
     lcdxianshi16x8(shuzi[wenduint%10],2,48);
}
uchar   adc0832du(uchar   tongdao)
{
```

```c
    uchar    i=0;
    uchar    shujv1, shujv2;
    ADCCS=0;                          _nop_();    _nop_();
    ADCDI=1;                          _nop_();    _nop_();
    ADCCLK=1;                         _nop_();    _nop_();
    ADCCLK=0;                         _nop_();    _nop_();
    ADCCLK=1;                         _nop_();    _nop_();

    ADCDI=(tongdao>>1)&0x1;           _nop_();    _nop_();
    ADCCLK=0;                         _nop_();    _nop_();
    ADCCLK=1;                         _nop_();    _nop_();
    ADCDI=tongdao&0x01;               _nop_();    _nop_();
    ADCCLK=0;                         _nop_();    _nop_();
    ADCCLK=1;                         _nop_();    _nop_();
    ADCDI=1;                          _nop_();    _nop_();
    ADCCLK=0;                         _nop_();    _nop_();
    shujv1=0;
    for ( i=0;i<8;i++ )
    {
        shujv1=shujv1<<1;
        shujv1= shujv1 | ADCDO;
        ADCCLK=1;                     _nop_();    _nop_();
        ADCCLK=0;                     _nop_();    _nop_();
    }
    shujv2=0;
    for(i=0;i<8;i++)
    {
        shujv2=shujv2>>1;
        if(ADCDO)                     shujv2= shujv2|0x80;
        ADCCLK=1;                     _nop_();    _nop_();
        ADCCLK=0;                     _nop_();    _nop_();
    }
    ADCCS=1;
    ADCCLK=0;
    ADCDO=1;
    if(shujv1==shujv2)    return(shujv1);

}


void   lcdxianshi16x8(uchar tab[],uchar qiye,uchar qilie)
```

```
    {
        uchar i,j;
        for(i=0;i<2;i++)
        {
            for (j=0;j<8;j++)
            {
                lcdshezhiyelie(i+qiye,j+qilie);
                lcdxiezimo(tab[i*8+j]);
            }
        }
    }
void    lcdxianshi16x16(uchar tab[],uchar qiye,uchar qilie)
{
    uchar i,j;
    for(i=0;i<2;i++)
    {
        for (j=0;j<16;j++)
        {
            lcdshezhiyelie(i+qiye,j+qilie);
            lcdxiezimo(tab[i*16+j]);
        }
    }
}
void    lcdkaixianshi(void)
{
    P0=0X3F;
    RW=0;
    RS=0;
    E=1;
    E=0;
}
void    lcdguanxianshi(void)
{
    P0=0X3E;
    RW=0;
    RS=0;
    E=1;
    E=0;
}
```

```
void    lcdshezhiye(uchar ye)
{
    P0=0XB8 | ye;
    RW=0;
    RS=0;
    E=1;
    E=0;
}
void   lcdshezhilie(uchar lie)
{
    P0=0X40 | lie;
    RW=0;
    RS=0;
    E=1;
    E=0;
}
void   lcdxiezimo(uchar zijie)
{
    P0=zijie;
    RW=0;
    RS=1;
    E=1;
    E=0;
}
void   lcdshezhiyelie(uchar ye,uchar lie)
{
    lcdshezhiye(ye);
    if(lie<64)              {CS1=1;CS2=0;lcdshezhilie(lie);}
    else                   {CS1=0;CS2=1;lcdshezhilie(lie-64);}
}
void   lcdqingping(void)
{
    uchar i,j;
    for(i=0;i<8;i++)
    {
        for(j=0;j<128;j++)
        {
            lcdshezhiyelie(i,j);
            lcdxiezimo(0);
```

```
            }
        }
    }
    void    lcdchushihua(void)
    {
        RST=1;
        lcdguanxianshi();
        lcdshezhiye(0);
        lcdshezhilie(0);
        lcdkaixianshi();
        lcdqingping();
    }
    uchar code huan[32]={/*"环",0*//* (16 X 16，宋体 )*/
    0x04,0x84,0x84,0xFC,0x84,0x84,0x00,0x04,0x04,0x84,0xE4,0x1C,0x84,0x04,0x04,0x00,
    0x20,0x60,0x20,0x1F,0x10,0x10,0x04,0x02,0x01,0x00,0xFF,0x00,0x00,0x01,0x06,0x00};
    uchar code jing[32]={/*"境",1*//* (16 X 16，宋体 )*/
    0x10,0x10,0xFF,0x10,0x10,0x20,0xA4,0xAC,0xB5,0xA6,0xB4,0xAC,0xA4,0x20,0x20,0x00,
    0x10,0x30,0x1F,0x08,0x88,0x80,0x4F,0x3A,0x0A,0x0A,0x7A,0x8A,0x8F,0x80,0xE0,0x00};
    uchar code ce[32]={/*"测",2*//* (16 X 16，宋体 )*/
    0x10,0x60,0x02,0x8C,0x00,0xFE,0x02,0xF2,0x02,0xFE,0x00,0xF8,0x00,0xFF,0x00,0x00,
    0x04,0x04,0x7E,0x01,0x80,0x47,0x30,0x0F,0x10,0x27,0x00,0x47,0x80,0x7F,0x00,0x00};
    uchar code ceshi[32]={/*"试",3*//* (16 X 16，宋体 )*/
    0x40,0x40,0x42,0xCC,0x00,0x90,0x90,0x90,0x90,0x90,0xFF,0x10,0x11,0x16,0x10,0x00,
    0x00,0x00,0x00,0x3F,0x10,0x28,0x60,0x3F,0x10,0x10,0x01,0x0E,0x30,0x40,0xF0,0x00};
    uchar code wen[32]={/*"温",4*//* (16 X 16，宋体 )*/
    0x10,0x60,0x02,0x8C,0x00,0x00,0xFE,0x92,0x92,0x92,0x92,0x92,0xFE,0x00,0x00,0x00,
    0x04,0x04,0x7E,0x01,0x40,0x7E,0x42,0x42,0x7E,0x42,0x7E,0x42,0x42,0x7E,0x40,0x00};
    uchar code du[32]={/*"度",5*//* (16 X 16，宋体 )*/
    0x00,0x00,0xFC,0x24,0x24,0x24,0xFC,0x25,0x26,0x24,0xFC,0x24,0x24,0x24,0x04,0x00,
    0x40,0x30,0x8F,0x80,0x84,0x4C,0x55,0x25,0x25,0x25,0x55,0x4C,0x80,0x80,0x80,0x00};
    uchar code liang[32]={/*"亮",6*//* (16 X 16，宋体 )*/
    0x00,0x04,0x04,0x74,0x54,0x54,0x55,0x56,0x54,0x54,0x54,0x74,0x04,0x04,0x00,0x00,
    0x84,0x83,0x41,0x21,0x1D,0x05,0x05,0x05,0x05,0x05,0x7D,0x81,0x81,0x85,0xE3,0x00};
    uchar code maohao[32]={/*"：",7*//* (16 X 16，宋体 )*/
    0x00,0x00,0x00,0x00,0x00,0x00,0x00,0x00,0x00,0x00,0x00,0x00,0x00,0x00,0x00,0x00,
    0x00,0x00,0x36,0x36,0x00,0x00,0x00,0x00,0x00,0x00,0x00,0x00,0x00,0x00,0x00,0x00};
    uchar code shidu[32]={/*"湿",8*//* (16 X 16，宋体 )*/
    0x10,0x60,0x02,0x8C,0x00,0xFE,0x92,0x92,0x92,0x92,0x92,0x92,0xFE,0x00,0x00,0x00,
    0x04,0x04,0x7E,0x01,0x44,0x48,0x50,0x7F,0x40,0x40,0x7F,0x50,0x48,0x44,0x40,0x00};
```

```
uchar code an[32]={/*"暗",9*//* (16 X 16，宋体 )*/
0x00,0xFC,0x84,0x84,0xFC,0x40,0x44,0x54,0x65,0x46,0x44,0x64,0x54,0x44,0x40,0x00,
0x00,0x3F,0x10,0x10,0x3F,0x00,0x00,0xFF,0x49,0x49,0x49,0x49,0xFF,0x00,0x00,0x00};
uchar code mie[32]={/*"灭",11*//* (16 X 16，宋体 )*/
0,0,0,0,0,0,0,0,0,0,0,0,0,0,0,0,0,0,0,0,0,0,0,0,0,0,0,0,0,0,0,0};
uchar code shizhong[32]={/*"适",12*//* (16 X 16，宋体 )*/
0x40,0x40,0x42,0xCC,0x00,0x10,0x92,0x92,0x92,0xFF,0x91,0x91,0x91,0x10,0x10,0x00,
0x00,0x40,0x20,0x1F,0x20,0x40,0x5F,0x48,0x48,0x48,0x48,0x48,0x5F,0x40,0x40,0x00};
uchar code zhong[32]={/*"中",13*//* (16 X 16，宋体 )*/
0x00,0x00,0xF0,0x10,0x10,0x10,0x10,0xFF,0x10,0x10,0x10,0x10,0xF0,0x00,0x00,0x00,
0x00,0x00,0x0F,0x04,0x04,0x04,0x04,0xFF,0x04,0x04,0x04,0x04,0x0F,0x00,0x00,0x00};
uchar code sheshidu[32]={/*"℃",14*//* (16 X 16，宋体 )*/
0x06,0x09,0x09,0xE6,0xF8,0x0C,0x04,0x02,0x02,0x02,0x02,0x02,0x04,0x1E,0x00,0x00,
0x00,0x00,0x00,0x07,0x1F,0x30,0x20,0x40,0x40,0x40,0x40,0x40,0x20,0x10,0x00,0x00};
uchar code shuzi[10][16]={
0x00,0xE0,0x10,0x08,0x08,0x10,0xE0,0x00,
0x00,0x0F,0x10,0x20,0x20,0x10,0x0F,0x00,/*"0",0*/
0x00,0x10,0x10,0xF8,0x00,0x00,0x00,0x00,
0x00,0x20,0x20,0x3F,0x20,0x20,0x00,0x00,/*"1",1*/
0x00,0x70,0x08,0x08,0x08,0x88,0x70,0x00,
0x00,0x30,0x28,0x24,0x22,0x21,0x30,0x00,/*"2",2*/
0x00,0x30,0x08,0x88,0x88,0x48,0x30,0x00,
0x00,0x18,0x20,0x20,0x20,0x11,0x0E,0x00,/*"3",3*/
0x00,0x00,0xC0,0x20,0x10,0xF8,0x00,0x00,
0x00,0x07,0x04,0x24,0x24,0x3F,0x24,0x00,/*"4",4*/
0x00,0xF8,0x08,0x88,0x88,0x08,0x08,0x00,
0x00,0x19,0x21,0x20,0x20,0x11,0x0E,0x00,/*"5",5*/
0x00,0xE0,0x10,0x88,0x88,0x18,0x00,0x00,
0x00,0x0F,0x11,0x20,0x20,0x11,0x0E,0x00,/*"6",6*/
0x00,0x38,0x08,0x08,0xC8,0x38,0x08,0x00,
0x00,0x00,0x00,0x3F,0x00,0x00,0x00,0x00,/*"7",7*/
0x00,0x70,0x88,0x08,0x08,0x88,0x70,0x00,
0x00,0x1C,0x22,0x21,0x21,0x22,0x1C,0x00,/*"8",8*/
0x00,0xE0,0x10,0x08,0x08,0x10,0xE0,0x00,
0x00,0x00,0x31,0x22,0x22,0x11,0x0F,0x00};/*"9",9*/
```

【随堂练习 6-10】

(1) 将温度测试源程序编译后下载到单片机中，在表 6-3 中记录实验室的室温及人体温度的相关数据；然后用安全的方法增加或降低测试温度，将相关数据记入表 6-3 右侧，最少改变并记录 4 组数据。

表 6-3　温度测试实测值

测试对象	室温	体温				
温度值(℃)						
电压值(V)						
数字量						

(2) 分析表 6-3 中记录的测试数据是否合理，与理论是否相符？

6.4.2　亮度数据读取并处理函数

1．亮度数据处理过程

项目要求亮度只要显示出亮、适中、暗就可以了，因此亮度数据处理最简单，就是将单片机从 ADC0832 读入的亮度数字量分为亮、适中、暗 3 个阶段。

由于光敏电阻的特点是：光线越亮，阻值越小，亮度测试电路中分压点的电压值越小，经 ADC 转换后的数字量也就越小。即数字量越小，亮度越亮；数字量越大，亮度越暗。因此，理论上做如下分段：

(1) 数字量<90，亮。

(2) 数字量在 90～210 之间，适中。

(3) 数字量>210，暗。

2．亮度数据处理函数

```
/*函数名：liangdusjcl()
作用：根据单片机读入的亮度数字量，在 12864 上显示亮、适中、暗。
入口参数：形参 liangdushuzi：存放亮度的数字量，范围：0～255。
出口参数：无
说明：
            liangdushuzi：<90，亮；
            liangdushuzi：90～210，适中；
            liangdushuzi ：>210，暗。
*/
void    liangdusjcl(uchar   liangdushuzi)
{
        if(liangdushuzi<90)    lcdxianshi16x16(liang,4,40);
        if(liangdushuzi>210)   lcdxianshi16x16(an,4,40);
        if(liangdushuzi>=90&&liangdushuzi<=210)
        {
            lcdxianshi16x16(shizhong,4,40);
            lcdxianshi16x16(zhong,4,56);
```

```
        }
    }
```

【随堂练习 6-11】

(1) 用 if-else 语句编写亮度数据处理函数。

(2) 在亮度显示结果的后面显示出亮度数字量。

(3) 用 C 语言表示：a 大于 c 的同时小于 b。

6.4.3　温亮度测试源程序

```
/*预处理*/
#include   <reg51.h>
#include   <intrins.h>
#define   uchar   unsigned   char
#define   uint   unsigned   int


/*全局变量定义*/
sbit   CS1=P2^5;
sbit   CS2=P2^2;
sbit   RS=P2^0;
sbit   RW=P2^4;
sbit   E=P2^1;
sbit   RST=P2^6;
sbit   ADCCS=P3^0;
sbit   ADCDI=P3^3;
sbit   ADCCLK=P3^1;
sbit   ADCDO=P3^3;
uchar   code   shuzi[10][16];
uchar   code   huan[32];
uchar   code   jing[32];
uchar   code   ce[32];
uchar   code   ceshi[32];
uchar   code   wen[32];
uchar   code   du[32];
uchar   code   liang[32];
uchar   code   maohao[32];
uchar   code   shidu[32];
uchar   code   an[32];
uchar   code   liang[32];
uchar   code   shizhong[32];
```

```
uchar    code    zhong[32];
uchar    code    mie[32];
uchar    code    sheshidu[32];

/*函数声明*/
void    lcdkaixianshi(void);
void    lcdguanxianshi(void);
void    lcdshezhiye(uchar ye);
void    lcdshezhilie(uchar lie);
void    lcdshezhiyelie(uchar ye,uchar lie);
void    lcdxiezimo(uchar zijie);
void    lcdqingping(void);
void    lcdchushihua(void);
void    lcdxianshi16x16(uchar tab[],uchar qiye,uchar qilie);
void    lcdxianshi16x8(uchar tab[],uchar qiye,uchar qilie);
uchar   adc0832du(uchar    tongdao);
void    wendusjcl(uchar    wendushuzi);
void    liangdusjcl(uchar    liangdushuzi);
/*主函数*/
main()
{
    uchar wendu,liangdu;
    lcdchushihua();
    lcdxianshi16x16(huan,0,30);
    lcdxianshi16x16(jing,0,46);
    lcdxianshi16x16(ce,0,62);
    lcdxianshi16x16(ceshi,0,78);
    lcdxianshi16x16(wen,2,3);
    lcdxianshi16x16(du,2,19);
    lcdxianshi16x16(maohao,2,35);
    lcdxianshi16x16(sheshidu,2,66);
    lcdxianshi16x16(liang,4,3);
    lcdxianshi16x16(du,4,19);
    lcdxianshi16x16(maohao,4,35);
    lcdxianshi16x16(shidu,6,3);
    lcdxianshi16x16(du,6,19);
    lcdxianshi16x16(maohao,6,35);
    while(1)
    {
```

```
            wendu=adc0832du(3);
            wendusjcl(wendu);
            liangdu=adc0832du(1);
            liangdusjcl(liangdu);
        }
    }
void    liangdusjcl(uchar    liangdushuzi)
{
    if(liangdushuzi<90)     lcdxianshi16x16(liang,4,40);
    if(liangdushuzi>210)    lcdxianshi16x16(an,4,40);
    if(liangdushuzi>=90&&liangdushuzi<=210)
    {
        lcdxianshi16x16(shizhong,4,40);
        lcdxianshi16x16(zhong,4,56);
    }
}
void    wendusjcl(uchar    wendushuzi)
{
    float       wenduf;
    uchar    wenduint;
    wenduf=-0.315*wendushuzi+90;
    wenduint=(uchar)(wenduf+0.5);
    lcdxianshi16x8(shuzi[wenduint/10],2,40);
    lcdxianshi16x8(shuzi[wenduint%10],2,48);
}
uchar    adc0832du(uchar    tongdao)
{
    uchar    i=0;
    uchar    shujv1, shujv2;
    ADCCS=0;                        _nop_();  _nop_();
    ADCDI=1;                        _nop_();  _nop_();
    ADCCLK=1;                       _nop_();  _nop_();
    ADCCLK=0;                       _nop_();  _nop_();
    ADCCLK=1;                       _nop_();  _nop_();
    ADCDI=(tongdao>>1)&0x1;         _nop_();  _nop_();
    ADCCLK=0;                       _nop_();  _nop_();
    ADCCLK=1;                       _nop_();  _nop_();
    ADCDI=tongdao&0x01;             _nop_();  _nop_();
```

```
        ADCCLK=0;                    _nop_();  _nop_();
        ADCCLK=1;                    _nop_();  _nop_();
        ADCDI=1;                     _nop_();  _nop_();
        ADCCLK=0;                    _nop_();  _nop_();
        shujv1=0;
        for ( i=0;i<8;i++ )
        {
            shujv1=shujv1<<1;
            shujv1= shujv1|ADCDO;
            ADCCLK=1;                _nop_();  _nop_();
            ADCCLK=0;                _nop_();  _nop_();
        }
        shujv2=0;
        for(i=0;i<8;i++)
        {
            shujv2=shujv2>>1;
            if(ADCDO)                shujv2= shujv2|0x80;
            ADCCLK=1;                _nop_();  _nop_();
            ADCCLK=0;                _nop_();  _nop_();
        }
        ADCCS=1;
        ADCCLK=0;
        ADCDO=1;
        if(shujv1==shujv2)    return(shujv1);
}


void lcdxianshi16x8(uchar tab[],uchar qiye,uchar qilie)
{
    uchar i,j;
    for(i=0;i<2;i++)
    {
        for (j=0;j<8;j++)
        {
            lcdshezhiyelie(i+qiye,j+qilie);
            lcdxiezimo(tab[i*8+j]);
        }
    }
}
```

```c
void lcdxianshi16x16(uchar tab[],uchar qiye,uchar qilie)
{
    uchar i,j;
    for(i=0;i<2;i++)
    {
        for (j=0;j<16;j++)
        {
            lcdshezhiyelie(i+qiye,j+qilie);
            lcdxiezimo(tab[i*16+j]);
        }
    }
}
void lcdkaixianshi(void)
{
    P0=0X3F;
    RW=0;
    RS=0;
    E=1;
    E=0;
}
void lcdguanxianshi(void)
{
    P0=0X3E;
    RW=0;
    RS=0;
    E=1;
    E=0;
}
void lcdshezhiye(uchar ye)
{
    P0=0XB8 | ye;
    RW=0;
    RS=0;
    E=1;
    E=0;
}
void lcdshezhilie(uchar lie)
{
```

```
        P0=0X40 | lie;
        RW=0;
        RS=0;
        E=1;
        E=0;
    }
void lcdxiezimo(uchar zijie)
    {
        P0=zijie;
        RW=0;
        RS=1;
        E=1;
        E=0;
    }
void lcdshezhiyelie(uchar ye,uchar lie)
    {
        lcdshezhiye(ye);
        if(lie<64)        {CS1=1;CS2=0;lcdshezhilie(lie);}
        else              {CS1=0;CS2=1;lcdshezhilie(lie-64);}
    }
void lcdqingping(void)
    {
        uchar i,j;
        for(i=0;i<8;i++)
        {
            for(j=0;j<128;j++)
            {
                lcdshezhiyelie(i,j);
                lcdxiezimo(0);
            }
        }
    }
void lcdchushihua(void)
    {
        RST=1;
        lcdguanxianshi();
        lcdshezhiye(0);
        lcdshezhilie(0);
```

```
        lcdkaixianshi();

        lcdqingping();

}
uchar code huan[32]={/*"环",0*//* (16 X 16，宋体 )*/
0x04,0x84,0x84,0xFC,0x84,0x84,0x00,0x04,0x04,0x84,0xE4,0x1C,0x84,0x04,0x04,0x00,
0x20,0x60,0x20,0x1F,0x10,0x10,0x04,0x02,0x01,0x00,0xFF,0x00,0x00,0x01,0x06,0x00};
uchar code jing[32]={/*"境",1*//* (16 X 16，宋体 )*/
0x10,0x10,0xFF,0x10,0x10,0x20,0xA4,0xAC,0xB5,0xA6,0xB4,0xAC,0xA4,0x20,0x20,0x00,
0x10,0x30,0x1F,0x08,0x88,0x80,0x4F,0x3A,0x0A,0x0A,0x7A,0x8A,0x8F,0x80,0xE0,0x00};
uchar code ce[32]={/*"测",2*//* (16 X 16，宋体 )*/
0x10,0x60,0x02,0x8C,0x00,0xFE,0x02,0xF2,0x02,0xFE,0x00,0xF8,0x00,0xFF,0x00,0x00,
0x04,0x04,0x7E,0x01,0x80,0x47,0x30,0x0F,0x10,0x27,0x00,0x47,0x80,0x7F,0x00,0x00};
uchar code ceshi[32]={/*"试",3*//* (16 X 16，宋体 )*/
0x40,0x40,0x42,0xCC,0x00,0x90,0x90,0x90,0x90,0x90,0xFF,0x10,0x11,0x16,0x10,0x00,
0x00,0x00,0x00,0x3F,0x10,0x28,0x60,0x3F,0x10,0x10,0x01,0x0E,0x30,0x40,0xF0,0x00};
uchar code wen[32]={/*"温",4*//* (16 X 16，宋体 )*/
0x10,0x60,0x02,0x8C,0x00,0x00,0xFE,0x92,0x92,0x92,0x92,0x92,0xFE,0x00,0x00,0x00,
0x04,0x04,0x7E,0x01,0x40,0x7E,0x42,0x42,0x7E,0x42,0x7E,0x42,0x42,0x7E,0x40,0x00};
uchar code du[32]={/*"度",5*//* (16 X 16，宋体 )*/
0x00,0x00,0xFC,0x24,0x24,0x24,0xFC,0x25,0x26,0x24,0xFC,0x24,0x24,0x24,0x04,0x00,
0x40,0x30,0x8F,0x80,0x84,0x4C,0x55,0x25,0x25,0x25,0x55,0x4C,0x80,0x80,0x80,0x00};
uchar code liang[32]={/*"亮",6*//* (16 X 16，宋体 )*/
0x00,0x04,0x04,0x74,0x54,0x54,0x55,0x56,0x54,0x54,0x54,0x74,0x04,0x04,0x00,0x00,
0x84,0x83,0x41,0x21,0x1D,0x05,0x05,0x05,0x05,0x05,0x7D,0x81,0x81,0x85,0xE3,0x00};
uchar code maohao[32]={/*"： ",7*//* (16 X 16，宋体 )*/
0x00,0x00,0x00,0x00,0x00,0x00,0x00,0x00,0x00,0x00,0x00,0x00,0x00,0x00,0x00,0x00,
0x00,0x00,0x36,0x36,0x00,0x00,0x00,0x00,0x00,0x00,0x00,0x00,0x00,0x00,0x00,0x00};
uchar code shidu[32]={/*"湿",8*//* (16 X 16，宋体 )*/
0x10,0x60,0x02,0x8C,0x00,0xFE,0x92,0x92,0x92,0x92,0x92,0x92,0xFE,0x00,0x00,0x00,
0x04,0x04,0x7E,0x01,0x44,0x48,0x50,0x7F,0x40,0x40,0x7F,0x50,0x48,0x44,0x40,0x00};
uchar code an[32]={/*"暗",9*//* (16 X 16，宋体 )*/
0x00,0xFC,0x84,0x84,0xFC,0x40,0x44,0x54,0x65,0x46,0x44,0x64,0x54,0x44,0x40,0x00,
0x00,0x3F,0x10,0x10,0x3F,0x00,0x00,0xFF,0x49,0x49,0x49,0x49,0xFF,0x00,0x00,0x00};
uchar code mie[32]={/*"灭",11*//* (16 X 16，宋体 )*/
0,0,0,0,0,0,0,0,0,0,0,0,0,0,0,0,0,0,0,0,0,0,0,0,0,0,0,0,0,0,0,0};
 uchar code shizhong[32]={/*"适",12*//* (16 X 16，宋体 )*/
0x40,0x40,0x42,0xCC,0x00,0x10,0x92,0x92,0x92,0xFF,0x91,0x91,0x91,0x10,0x10,0x00,
0x00,0x40,0x20,0x1F,0x20,0x40,0x5F,0x48,0x48,0x48,0x48,0x48,0x5F,0x40,0x40,0x00};
```

```
uchar code zhong[32]={/*"中",13*//* (16 X 16，宋体 )*/
0x00,0x00,0xF0,0x10,0x10,0x10,0x10,0xFF,0x10,0x10,0x10,0x10,0xF0,0x00,0x00,0x00,
0x00,0x00,0x0F,0x04,0x04,0x04,0x04,0xFF,0x04,0x04,0x04,0x04,0x0F,0x00,0x00,0x00};
uchar code sheshidu[32]={/*"℃",14*//* (16 X 16，宋体 )*/
0x06,0x09,0x09,0xE6,0xF8,0x0C,0x04,0x02,0x02,0x02,0x02,0x02,0x04,0x1E,0x00,0x00,
0x00,0x00,0x00,0x07,0x1F,0x30,0x20,0x40,0x40,0x40,0x40,0x40,0x20,0x10,0x00,0x00};
uchar code shuzi[10][16]={
0x00,0xE0,0x10,0x08,0x08,0x10,0xE0,0x00,
0x00,0x0F,0x10,0x20,0x20,0x10,0x0F,0x00,/*"0",0*/
0x00,0x10,0x10,0xF8,0x00,0x00,0x00,0x00,
0x00,0x20,0x20,0x3F,0x20,0x20,0x00,0x00,/*"1",1*/
0x00,0x70,0x08,0x08,0x08,0x88,0x70,0x00,
0x00,0x30,0x28,0x24,0x22,0x21,0x30,0x00,/*"2",2*/
0x00,0x30,0x08,0x88,0x88,0x48,0x30,0x00,
0x00,0x18,0x20,0x20,0x20,0x11,0x0E,0x00,/*"3",3*/
0x00,0x00,0xC0,0x20,0x10,0xF8,0x00,0x00,
0x00,0x07,0x04,0x24,0x24,0x3F,0x24,0x00,/*"4",4*/
0x00,0xF8,0x08,0x88,0x88,0x08,0x08,0x00,
0x00,0x19,0x21,0x20,0x20,0x11,0x0E,0x00,/*"5",5*/
0x00,0xE0,0x10,0x88,0x88,0x18,0x00,0x00,
0x00,0x0F,0x11,0x20,0x20,0x11,0x0E,0x00,/*"6",6*/
0x00,0x38,0x08,0x08,0xC8,0x38,0x08,0x00,
0x00,0x00,0x00,0x3F,0x00,0x00,0x00,0x00,/*"7",7*/
0x00,0x70,0x88,0x08,0x08,0x88,0x70,0x00,
0x00,0x1C,0x22,0x21,0x21,0x22,0x1C,0x00,/*"8",8*/
0x00,0xE0,0x10,0x08,0x08,0x10,0xE0,0x00,
0x00,0x00,0x31,0x22,0x22,0x11,0x0F,0x00};/*"9",9*/
```

【随堂练习 6-12】

(1) 将温亮度测试源程序编译后下载到单片机中，采用安全的办法改变亮度，在表 6-4 中记录实测数据。

表6-4　温度测试实测值

实测亮度	亮	适中	暗
电压(V)			
数字量			

(2) 分析表 6-4 中记录的测试数据是否合理，与理论是否相符？

6.5　湿　度　测　试

6.5.1　湿度测试原理

1．湿度传感器

湿度的测试与控制在工业生产、气象等部门及人们的舒适与健康方面至关重要，但是在常规的环境参数中，由于大气压强、温度等因素同时影响湿度的高低，因而湿度的准确测试难度较温亮度要大。

测量空气湿度时，常用相对湿度来表示。

相对湿度是指某温度下气体中(通常为空气中)所含水蒸气量与同一温度下饱和水蒸气量的百分比，用 RH 表示。

随着温度的增高空气中可以含的水就越多，也就是说，在同样多的水蒸气的情况下温度升高相对湿度就会降低。因此不提供温度数据，只说湿度是没有意义的。

湿敏元件是最简单的湿度传感器，湿度传感器有电阻式和电容式两大类，如图 6-8 所示。

　　(a) 湿敏电容HS1101　　　　　　　(b) 湿敏电阻　　　　　　(c) 数字温湿传感器SHT11

图 6-8　湿度传感器

湿敏电阻的阻值会随湿度而变化，它的灵敏度高，但存在较严重的非线性，互换性也不是很理想。

湿敏电容一般是用高分子薄膜电容制成的，常用的高分子材料有聚苯乙烯、聚酰亚胺、酪酸醋酸纤维等。当环境湿度发生改变时，湿敏电容的容量也发生变化，并且其电容变化量与相对湿度成正比。湿敏电容的主要优势是灵敏度高、互换性好、易于集成化等，但其精度一般低于湿敏电阻。

数字式温湿传感器体积小、集成度高，可以直接将温度、湿度转换为单片机所需的数字量，使用方便。

2．湿度测试原理

湿敏电容 HS1101 是法国 Humirel 公司推出的一款电容式相对湿度传感器。它具有响应时间快、高可靠性和长期稳定性、不需要校准的完全互换性等特点。具体参数如下：

(1) 测量范围：0%～100%RH。

(2) 电容量典型值：180 pF(在 50%RH 时)。

(3) 电容量的变化范围：163 pF～202 pF(相对湿度从 0%RH 变化到 100%RH 时)。

(4) 温度系数：0.04 pF/℃。

(5) 湿度滞后量：±1.5%。

(6) 响应时间：5 s。

图 6-9 所示为 HS1101 的电容与相对湿度之间的关系响应曲线，测试条件为室温 25℃、工作频率 10 kHz。可以看出，HS1101 具有极好的线性输出，可以近似看成线性的。

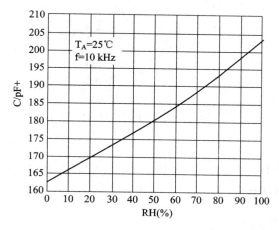

图 6-9　HS1101 电容与湿度关系响应曲线

图 6-10 所示为湿度测试电路，图中施密特触发器 CD40106 构成多谐振荡器，利用 HS1101 的充放电，在输出端产生方波。当环境湿度增大时，HS1101 的容量增大，方波的周期增大，频率降低；反之，当环境湿度减小时，HS1101 的容量减小，方波的周期减小，频率升高。方波的周期为

$$T \approx 3.6RC$$

其中：C 为 HS1101，R=R1+R2。

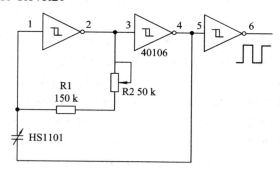

图 6-10　湿度测试电路

【随堂练习 6-13】

(1) 根据图 6-9 所示 HS1101 的电容与相对湿度之间的关系响应曲线，写出直线方程。

(2) 计算图 6-10 中，湿度从 0～100%RH 变化时，输出方波的频率范围。

6.5.2 湿度测试硬件设计

图 6-11 所示为湿度测试硬件电路图，HS1101 与 40106 组成振荡电路，其输出信号与单片机的 P3.4 端口相连，P3.4 为 AT89S52 片内定时/计数器 T0 的计数脉冲输入端。

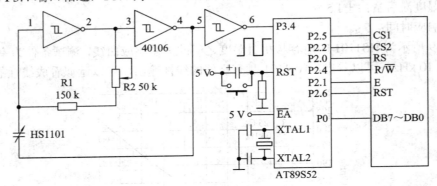

图 6-11   湿度测试硬件电路图

【随堂练习 6-14】

AT89S52 单片机内有_____个定时/计数器，每个定时/计数器是_____位，可以实现_____和_____两种功能。

6.5.3 湿度数据处理函数

1. 湿度数据处理过程

单片机在计算出湿度测试电路输出方波的频率后，通过查表的方式，找到该频率对应的湿度，并显示出来。

湿度数据处理的首要问题是建立数据表，数据表中存放相对湿度从 0%RH 增加到 100%RH，分辨率为 1%RH 时，所有的频率值。数组 shidubiao 中存放了可供参考的 100 个频率值，每个频率值在数组中的下标就是与其对应的相对湿度值。

```
uint code shidubiao[100] = {
        9604, 9591, 9578, 9565, 9552, 9539, 9526, 9513, 9500, 9487, //0-9
        9474, 9461, 9448, 9435, 9422, 9409, 9396, 9383, 9370, 9357, //10-19
        9344, 9331, 9318, 9305, 9292, 9279, 9266, 9253, 9240, 9227, //20-29
        9214, 9201, 9188, 9175, 9162, 9149, 9136, 9123, 9110, 9097, //30-39
        9084, 9071, 9058, 9045, 9032, 9019, 9006, 8993, 8980, 8967, //40-49
        8954, 8941, 8928, 8915, 8902, 8889, 8876, 8863, 8850, 8837, //50-59
        8824, 8811, 8798, 8785, 8772, 8759, 8746, 8733, 8720, 8707, //60-69
        8694, 8681, 8668, 8655, 8642, 8629, 8616, 8603, 8590, 8577, //70-79
        8564, 8551, 8538, 8525, 8512, 8499, 8486, 8473, 8460, 8447, //80-89
        8434, 8421, 8408, 8395, 8382, 8369, 8356, 8343, 8330, 8317 //90-99};
```

湿度表建好之后，测量出实际湿度频率值，再与湿度表中的 100 个湿度频率值作比较，找到湿度值。观察湿度表可以看出，湿度值从 1%RH 增至 2%RH 时，频率值从 9591 降至 9578，减小了 13，因此，可以认为湿度表中的每个频率值代表了以该频率值为中心的一个范围，这样可以覆盖从 9604～8317 内的所有频率值，如表 6-5 所示。根据实测频率值查表，就是判断实测频率值所处的范围。

表6-5 湿 度 表

频率最小值	频率中心值	频率最大值	湿度值
9598	9604	9610	0
9585	9591	9597	1
9572	9578	9584	2
9559	9565	9571	3
9546	9552	9558	4
…	…	…	…

由于 HS1101 的电容与相对湿度的响应曲线并非完全的线性，及其他电子元器件参数的离散性，即便相对湿度保持不变，但是振荡电路输出方波的频率也不可能稳定在一个固定的数值，存在一定的离散性，在软件上，可以采用上述方法处理；在硬件上，则可通过调节图 6-11 中的电位器 R2 进行适当的校正。

2. 湿度数据处理函数

/*函数名：shidusjcl()

作用：根据实际测量的频率值查找数据表(shidubiao)，将频率值转换为湿度值并显示。

入口参数：无

出口参数：无

说明：shidushuzigao8：全局变量，存放湿度频率值的高 8 位。

　　　　shidushuzidi8：全局变量，存放湿度频率值的低 8 位。

*/

```
void    shidusjcl(void)
{
    uchar   i;
    uint    shidushuzi16;
    shidushuzi16=shidushuzigao8<<8|shidushuzidi8;
    for(i=0;i<100;i++)
    {
        if(shidushuzi16<=(shidubiao[i]+6)&& shidushuzi16>=(shidubiao[i]-6))
            break;
    }
    lcdxianshi16x8(shuzi[i/10],6,40);
    lcdxianshi16x8(shuzi[i%10],6,48);
}
```

6.5.4 湿度测试软件设计

1. 矩形波频率的测量

频率是指单位时间内完成周期性变化的次数,是描述周期运动频繁程度的量。单位时间为 1 s,也就是说,频率就是 1 s 内矩形波周期的个数。

用单片机测量矩形波频率时有两个关键问题:

(1) 定时 1 s。用定时/计数器 T1 定时 50 ms,T1 溢出 1 次是 50 ms,溢出 20 次时,为 20 次 × 50 ms = 1000 ms = 1 s。

(2) 在 1 s 的时间内,统计矩形波周期的个数。

由图 6-11 可知,振荡电路输出的方波与 T0 的计数脉冲输入端 P3.4 相连,只能用 T0 来统计矩形波周期的个数。

当 T1 定时 1 s 开始的同时,启动 T0 开始从 0 计数,1 s 定时结束时,T0 也结束计数,CPU 关中断;此时 TH0 中存放的是计数值的高 8 位,TL0 中存放的是计数值的低 8 位;单片机将这一次的计数值读出另存后,CPU 开中断,开始下一次频率的测量。

```
/*函数名: t0t1chushihua()

作用: 初始化 T0、T1。T1 定时,T0 计数。

入口参数: 无

出口参数: 无

说明: T1 定时 1 s 的原理: 1 s = 50 ms*20 次

      T0 计数: 初值为 0。

*/
void    t0t1chushihua(void)
{
        TMOD=0x15;              //T0 为方式 1 计数,T1 都为方式 1 定时。
        TH0=0x00;
        TL0=0x00;               //T0 赋初值(计数功能)
        TH1=(65536-50000*11.0592/12)/256;
        TL1=(65536-50000*11.0592/12)%256; //T1 赋初值
        ET0=1;                  //T0 开中断
        ET1=1;                  //T1 开中断
        EA=1;                   //CPU 开中断
        TR0=1;                  //计数器启动
        TR1=1;                  //定时器启动
}
/*函数名: t1zhongduan()

作用: T1 中断 20 次后,定时 1 s;1 s 到了,读出 T0 的计数值;启动下次计数。

入口参数: 无

出口参数: 无
```

说明：

num：全局变量，用于统计 T1 溢出的次数，初值为 0。

shidushuzigao8：全局变量，存放湿度频率值的高 8 位。

shidushuzidi8：全局变量，存放湿度频率值的低 8 位。

*/

```c
void    t1zhongduan(void)    interrupt        3
{
     TH1=(65536-50000*11.0592/12)/256;
     TL1=(65536-50000*11.0592/12)%256;
     num++;
     if(num==20)
     {
          EA=0;
          num=0;
          shidushuzigao8=TH0;
          shidushuzidi8=TL0;
          TH0=0;
          TL0=0;
          EA=1;
     }
}
```

2．源程序

源程序如下：

```c
/*预处理*/
#include    <reg51.h>
#include    <intrins.h>
#define   uchar   unsigned   char
#define   uint   unsigned   int


/*全局变量定义*/
sbit   CS1=P2^5;
sbit   CS2=P2^2;
sbit   RS=P2^0;
sbit   RW=P2^4;
sbit   E=P2^1;
sbit   RST=P2^6;
sbit   ADCCS=P3^0;
sbit   ADCDI=P3^3;
```

```
sbit    ADCCLK=P3^1;
sbit    ADCDO=P3^3;
uchar   num,shidushuzigao8,shidushuzidi8;
uint    code  shidubiao[100];
uchar   code  shuzi[10][16];
uchar   code  huan[32];
uchar   code  jing[32];
uchar   code  ce[32];
uchar   code  ceshi[32];
uchar   code  wen[32];
uchar   code  du[32];
uchar   code  liang[32];
uchar   code  maohao[32];
uchar   code  shidu[32];
uchar   code  an[32];
uchar   code  liang[32];
uchar   code  shizhong[32];
uchar   code  zhong[32];
uchar   code  mie[32];
uchar   code  sheshidu[32];


/*函数声明*/
void    lcdkaixianshi(void);
void    lcdguanxianshi(void);
void    lcdshezhiye(uchar ye);
void    lcdshezhilie(uchar lie);
void    lcdshezhiyelie(uchar ye,uchar lie);
void    lcdxiezimo(uchar zijie);
void    lcdqingping(void);
void    lcdchushihua(void);
void    lcdxianshi16x16(uchar tab[],uchar qiye,uchar qilie);
void    lcdxianshi16x8(uchar tab[],uchar qiye,uchar qilie);
uchar   adc0832du(uchar   tongdao);
void    wendusjcl(uchar   wendushuzi);
void    liangdusjcl(uchar    liangdushuzi);
void    shidusjcl(void);
void    t0t1chushihua(void);
/*主函数*/
main()
```

```
    {
        uchar wendu,liangdu;
        lcdchushihua();   t0t1chushihua();
        lcdxianshi16x16(huan,0,30);
        lcdxianshi16x16(jing,0,46);
        lcdxianshi16x16(ce,0,62);
        lcdxianshi16x16(ceshi,0,78);
        lcdxianshi16x16(wen,2,3);
        lcdxianshi16x16(du,2,19);
        lcdxianshi16x16(maohao,2,35);
        lcdxianshi16x16(sheshidu,2,66);
        lcdxianshi16x16(liang,4,3);
        lcdxianshi16x16(du,4,19);
        lcdxianshi16x16(maohao,4,35);
        lcdxianshi16x16(shidu,6,3);
        lcdxianshi16x16(du,6,19);
        lcdxianshi16x16(maohao,6,35);

        while(1)
        {
            wendu=adc0832du(3);
            wendusjcl(wendu);
            liangdu=adc0832du(1);
            liangdusjcl(liangdu);
            shidusjcl();
        }
    }
void   t1zhongduan(void)    interrupt   3
{
    TH1=(65536-46080)/256;
    TL1=(65536-46080)%256;
    num++;
    if(num==20)
    {
        EA=0;
        num=0;
        shidushuzigao8=TH0;
        shidushuzidi8=TL0;
        TH0=0;
```

```
            TL0=0;
            EA=1;
        }
    }
void    t0t1chushihua(void)
    {
        TMOD=0x15;                    //T0 为方式 1 计数，T1 都为方式 1 定时。
        TH0=0x00;
        TL0=0x00;                     //T0 赋初值(计数功能)
        TH1=(65536-46080)/256;
        TL1=(65536-46080)%256;        //T1 赋初值
        ET0=1;                        //T0 开中断
        ET1=1;                        //T1 开中断
        EA=1;                         //CPU 开中断
        TR0=1;                        //计数器启动
        TR1=1;                        //定时器启动
    }
void    shidusjcl(void)
    {
    uchar       i;
    uint        shidushuzi16;
    shidushuzi16=shidushuzigao8<<8|shidushuzidi8;
    for(i=0;i<100;i++)
    {
        if(shidushuzi16<=(shidubiao[i]+6)&& shidushuzi16>=(shidubiao[i]-6))
            break;
    }
    lcdxianshi16x8(shuzi[i/10],6,51);
    lcdxianshi16x8(shuzi[i%10],6,59);
    }
void    liangdusjcl(uchar    liangdushuzi)
    {
    if(liangdushuzi<90)
    {
        lcdxianshi16x16(liang,4,51);
        lcdxianshi16x16(mie,4,67);
    }
    if(liangdushuzi>210)
    {
```

```
        lcdxianshi16x16(an,4,51);
        lcdxianshi16x16(mie,4,67);
    }
    if(liangdushuzi>=90&&liangdushuzi<=210)
    {
        lcdxianshi16x16(shizhong,4,51);
        lcdxianshi16x16(zhong,4,67);
    }
}
void    wendusjcl(uchar    wendushuzi)
{
    float       wenduf;
    uchar       wenduint;
    wenduf=-0.315*wendushuzi+90;
    wenduint=(uchar)(wenduf+0.5);
    lcdxianshi16x8(shuzi[wenduint/10],2,51);
    lcdxianshi16x8(shuzi[wenduint%10],2,59);
}
uchar   adc0832du(uchar    tongdao)
{
    uchar   i=0;
    uchar   shujv1, shujv2;
    ADCCS=0;                    _nop_();  _nop_();
    ADCDI=1;                    _nop_();  _nop_();
    ADCCLK=1;                   _nop_();  _nop_();
    ADCCLK=0;                   _nop_();  _nop_();
    ADCCLK=1;                   _nop_();  _nop_();
    ADCDI=(tongdao>>1)&0x1;     _nop_();  _nop_();
    ADCCLK=0;                   _nop_();  _nop_();
    ADCCLK=1;                   _nop_();  _nop_();
    ADCDI=tongdao&0x01;         _nop_();  _nop_();
    ADCCLK=0;                   _nop_();  _nop_();
    ADCCLK=1;                   _nop_();  _nop_();
    ADCDI=1;                    _nop_();  _nop_();
    ADCCLK=0;                   _nop_();  _nop_();
    shujv1=0;
    for ( i=0;i<8;i++ )
    {
        shujv1=shujv1<<1;
```

```
                        shujv1= shujv1|ADCDO;
                        ADCCLK=1;              _nop_();   _nop_();
                        ADCCLK=0;              _nop_();   _nop_();
                }
                shujv2=0;
                for(i=0;i<8;i++)
                {
                        shujv2=shujv2>>1;
                        if(ADCDO)              shujv2= shujv2|0x80;
                        ADCCLK=1;              _nop_();   _nop_();
                        ADCCLK=0;              _nop_();   _nop_();
                }
                ADCCS=1;
                ADCCLK=0;
                ADCDO=1;
                if(shujv1==shujv2)     return(shujv1);
}


void lcdxianshi16x8(uchar tab[],uchar qiye,uchar qilie)
{
        uchar i,j;
        for(i=0;i<2;i++)
        {
                for (j=0;j<8;j++)
                {
                        lcdshezhiyelie(i+qiye,j+qilie);
                        lcdxiezimo(tab[i*8+j]);
                }
        }
}
void lcdxianshi16x16(uchar tab[],uchar qiye,uchar qilie)
{
        uchar i,j;
        for(i=0;i<2;i++)
        {
                for (j=0;j<16;j++)
                {
                        lcdshezhiyelie(i+qiye,j+qilie);
                        lcdxiezimo(tab[i*16+j]);
```

```
            }
        }
    }
    void lcdkaixianshi(void)
    {
        P0=0X3F;
        RW=0;
        RS=0;
        E=1;
        E=0;
    }
    void lcdguanxianshi(void)
    {
        P0=0X3E;
        RW=0;
        RS=0;
        E=1;
        E=0;
    }
    void lcdshezhiye(uchar ye)
    {
        P0=0XB8 | ye;
        RW=0;
        RS=0;
        E=1;
        E=0;
    }
    void lcdshezhilie(uchar lie)
    {
        P0=0X40|lie;
        RW=0;
        RS=0;
        E=1;
        E=0;
    }
    void lcdxiezimo(uchar zijie)
    {
        P0=zijie;
        RW=0;
```

```
        RS=1;
        E=1;
        E=0;
}
void lcdshezhiyelie(uchar ye,uchar lie)
{
    lcdshezhiye(ye);
    if(lie<64)          {CS1=1;CS2=0;lcdshezhilie(lie);}
    else                {CS1=0;CS2=1;lcdshezhilie(lie-64);}
}
void lcdqingping(void)
{
    uchar i,j;
    for(i=0;i<8;i++)
    {
        for(j=0;j<128;j++)
        {
            lcdshezhiyelie(i,j);
            lcdxiezimo(0);
        }
    }
}
void  lcdchushihua(void)
{
    RST=1;
    lcdguanxianshi();
    lcdshezhiye(0);
    lcdshezhilie(0);
    lcdkaixianshi();
    lcdqingping();
}


uchar code huan[32]={/*"环",0*//* (16 X 16，宋体 )*/
0x04,0x84,0x84,0xFC,0x84,0x84,0x00,0x04,0x04,0x84,0xE4,0x1C,0x84,0x04,0x04,0x00,
0x20,0x60,0x20,0x1F,0x10,0x10,0x04,0x02,0x01,0x00,0xFF,0x00,0x00,0x01,0x06,0x00};
uchar code jing[32]={/*"境",1*//* (16 X 16，宋体 )*/
0x10,0x10,0xFF,0x10,0x10,0x20,0xA4,0xAC,0xB5,0xA6,0xB4,0xAC,0xA4,0x20,0x20,0x00,
0x10,0x30,0x1F,0x08,0x88,0x80,0x4F,0x3A,0x0A,0x0A,0x7A,0x8A,0x8F,0x80,0xE0,0x00};
```

```
uchar code ce[32]={/*"测",2*//* (16 X 16，宋体 )*/
0x10,0x60,0x02,0x8C,0x00,0xFE,0x02,0xF2,0x02,0xFE,0x00,0xF8,0x00,0xFF,0x00,0x00,
0x04,0x04,0x7E,0x01,0x80,0x47,0x30,0x0F,0x10,0x27,0x00,0x47,0x80,0x7F,0x00,0x00};
uchar code ceshi[32]={/*"试",3*//* (16 X 16，宋体 )*/
0x40,0x40,0x42,0xCC,0x00,0x90,0x90,0x90,0x90,0x90,0xFF,0x10,0x11,0x16,0x10,0x00,
0x00,0x00,0x00,0x3F,0x10,0x28,0x60,0x3F,0x10,0x10,0x01,0x0E,0x30,0x40,0xF0,0x00};
uchar code wen[32]={/*"温",4*//* (16 X 16，宋体 )*/
0x10,0x60,0x02,0x8C,0x00,0x00,0xFE,0x92,0x92,0x92,0x92,0x92,0xFE,0x00,0x00,0x00,
0x04,0x04,0x7E,0x01,0x40,0x7E,0x42,0x42,0x7E,0x42,0x7E,0x42,0x42,0x7E,0x40,0x00};
uchar code du[32]={/*"度",5*//* (16 X 16，宋体 )*/
0x00,0x00,0xFC,0x24,0x24,0x24,0xFC,0x25,0x26,0x24,0xFC,0x24,0x24,0x24,0x04,0x00,
0x40,0x30,0x8F,0x80,0x84,0x4C,0x55,0x25,0x25,0x25,0x55,0x4C,0x80,0x80,0x80,0x00};
uchar code liang[32]={/*"亮",6*//* (16 X 16，宋体 )*/
0x00,0x04,0x04,0x74,0x54,0x54,0x55,0x56,0x54,0x54,0x54,0x74,0x04,0x04,0x00,0x00,
0x84,0x83,0x41,0x21,0x1D,0x05,0x05,0x05,0x05,0x05,0x7D,0x81,0x81,0x85,0xE3,0x00};
uchar code maohao[32]={/*"：",7*//* (16 X 16，宋体 )*/
0x00,0x00,0x00,0x00,0x00,0x00,0x00,0x00,0x00,0x00,0x00,0x00,0x00,0x00,0x00,0x00,
0x00,0x00,0x36,0x36,0x00,0x00,0x00,0x00,0x00,0x00,0x00,0x00,0x00,0x00,0x00,0x00};
uchar code shidu[32]={/*"湿",8*//* (16 X 16，宋体 )*/
0x10,0x60,0x02,0x8C,0x00,0xFE,0x92,0x92,0x92,0x92,0x92,0x92,0xFE,0x00,0x00,0x00,
0x04,0x04,0x7E,0x01,0x44,0x48,0x50,0x7F,0x40,0x40,0x7F,0x50,0x48,0x44,0x40,0x00};
uchar code an[32]={/*"暗",9*//* (16 X 16，宋体 )*/
0x00,0xFC,0x84,0x84,0xFC,0x40,0x44,0x54,0x65,0x46,0x44,0x64,0x54,0x44,0x40,0x00,
0x00,0x3F,0x10,0x10,0x3F,0x00,0x00,0xFF,0x49,0x49,0x49,0x49,0xFF,0x00,0x00,0x00};
uchar code mie[32]={/*"灭",11*//* (16 X 16，宋体 )*/
0,0,0,0,0,0,0,0,0,0,0,0,0,0,0,0,0,0,0,0,0,0,0,0,0,0,0,0,0,0,0,0};
uchar code shizhong[32]={/*"适",12*//* (16 X 16，宋体 )*/
0x40,0x40,0x42,0xCC,0x00,0x10,0x92,0x92,0x92,0xFF,0x91,0x91,0x91,0x10,0x10,0x00,
0x00,0x40,0x20,0x1F,0x20,0x40,0x5F,0x48,0x48,0x48,0x48,0x48,0x5F,0x40,0x40,0x00};
uchar code zhong[32]={/*"中",13*//* (16 X 16，宋体 )*/
0x00,0x00,0xF0,0x10,0x10,0x10,0x10,0xFF,0x10,0x10,0x10,0x10,0xF0,0x00,0x00,0x00,
0x00,0x00,0x0F,0x04,0x04,0x04,0x04,0xFF,0x04,0x04,0x04,0x04,0x0F,0x00,0x00,0x00};
uchar code sheshidu[32]={/*"℃",14*//* (16 X 16，宋体 )*/
0x06,0x09,0x09,0xE6,0xF8,0x0C,0x04,0x02,0x02,0x02,0x02,0x02,0x04,0x1E,0x00,0x00,
0x00,0x00,0x00,0x07,0x1F,0x30,0x20,0x40,0x40,0x40,0x40,0x40,0x20,0x10,0x00,0x00};
uchar code shuzi[10][16]={
0x00,0xE0,0x10,0x08,0x08,0x10,0xE0,0x00,
0x00,0x0F,0x10,0x20,0x20,0x10,0x0F,0x00,/*"0",0*/
```

```
0x00,0x10,0x10,0xF8,0x00,0x00,0x00,0x00,
0x00,0x20,0x20,0x3F,0x20,0x20,0x00,0x00,/*"1",1*/
0x00,0x70,0x08,0x08,0x08,0x88,0x70,0x00,
0x00,0x30,0x28,0x24,0x22,0x21,0x30,0x00,/*"2",2*/
0x00,0x30,0x08,0x88,0x88,0x48,0x30,0x00,
0x00,0x18,0x20,0x20,0x20,0x11,0x0E,0x00,/*"3",3*/
0x00,0x00,0xC0,0x20,0x10,0xF8,0x00,0x00,
0x00,0x07,0x04,0x24,0x24,0x3F,0x24,0x00,/*"4",4*/
0x00,0xF8,0x08,0x88,0x88,0x08,0x08,0x00,
0x00,0x19,0x21,0x20,0x20,0x11,0x0E,0x00,/*"5",5*/
0x00,0xE0,0x10,0x88,0x88,0x18,0x00,0x00,
0x00,0x0F,0x11,0x20,0x20,0x11,0x0E,0x00,/*"6",6*/
0x00,0x38,0x08,0x08,0xC8,0x38,0x08,0x00,
0x00,0x00,0x00,0x3F,0x00,0x00,0x00,0x00,/*"7",7*/
0x00,0x70,0x88,0x08,0x08,0x88,0x70,0x00,
0x00,0x1C,0x22,0x21,0x21,0x22,0x1C,0x00,/*"8",8*/
0x00,0xE0,0x10,0x08,0x08,0x10,0xE0,0x00,
0x00,0x00,0x31,0x22,0x22,0x11,0x0F,0x00};/*"9",9*/
uint  code  shidubiao[100] ={
9604, 9591, 9578, 9565, 9552, 9539, 9526, 9513, 9500, 9487, //0-9
9474, 9461, 9448, 9435, 9422, 9409, 9396, 9383, 9370, 9357, //10-19
9344, 9331, 9318, 9305, 9292, 9279, 9266, 9253, 9240, 9227, //20-29
9214, 9201, 9188, 9175, 9162, 9149, 9136, 9123, 9110, 9097, //30-39
9084, 9071, 9058, 9045, 9032, 9019, 9006, 8993, 8980, 8967, //40-49
8954, 8941, 8928, 8915, 8902, 8889, 8876, 8863, 8850, 8837, //50-59
8824, 8811, 8798, 8785, 8772, 8759, 8746, 8733, 8720, 8707, //60-69
8694, 8681, 8668, 8655, 8642, 8629, 8616, 8603, 8590, 8577, //70-79
8564, 8551, 8538, 8525, 8512, 8499, 8486, 8473, 8460, 8447, //80-89
8434, 8421, 8408, 8395, 8382, 8369, 8356, 8343, 8330, 8317}; //90-99
```

【随堂练习 6-12】

(1) 将温亮湿度测试源程序编译后下载到单片机中，用卫生纸沾水并甩去多余水分后，轻轻抹在传感器外罩表面，或用嘴对传感器吹气，改变湿度，观察结果并记录于表 6-6 中。

表 6-6 湿度测试实测值

实测湿度	卫生纸沾水	吹气	手
频率值			
湿度值			

(2) 修改程序，显示频率值，并记录于表 6-6 中。

📋 项目评价

项目名称		环 境 测 试			
评价类别	项 目	子项目	个人评价	组内互评	教师评价
专业能力(80)	信息与资讯(30)	传感器(5)			
		ADC0832(7)			
		时序图(6)			
		矩形波频率测量(6)			
		数据处理(6)			
	计划(20)	原理图设计(10)			
		流程图(5)			
		程序设计(5)			
	实施(20)	实验板的适应性(10)			
		实施情况(10)			
	检查(5)	异常检查(5)			
	结果(5)	结果验证(5)			
社会能力(10)	敬业精神(5)	爱岗敬业与学习纪律			
	团结协作(5)	对小组的贡献及配合			
方法能力(10)	计划能力(5)				
	决策能力(5)				

评价	班级		姓名		学号	
	总评		教师		日期	

✍ 项目练习

一、填空题

1. 热敏、光敏电阻是_____式传感器，它们的_____随被测对象发生变化，通过_____电路，可以将被测对象转换为_____量。

2. 热敏电阻分为_____和_____两种类型。

3. 正温度系数的热敏电阻，温度升高时，阻值_____；温度降低时，阻值_____。

4. 白天时，光敏电阻的阻值_____；夜晚时，光敏电阻的阻值_____。

5. 单片机只能接收并处理_____量。

6. ADC 是_____器件，DAC 是_____器件，12864 是_____器件。

7. ADC0832 有_____个模拟输入通道，数字量输出_____次，分辨率为_____。

8. ADC0832 数字量输出及通道选择信号都为_____方式。(填串行或并行)

9. 函数声明为"uchar du(void);"调用该函数，结果送给变量 a。实现此要求的语句为_____。

10. 湿度传感器的_____随湿度的变化而变化。

11. A、b 为无符号字符型变量。将 A、b 合成为一个数，且 A 作高 8 位，表达式为_____。

二、选择题

1. 下图中，热敏电阻是(   )。

    A.   B.

    C.   D.

2. 能够实现红外测温的器件是(   )。
    A. DS18B20   B. TN9
    C. DAC   D. ADC

3. 某微机控制系统需要显示内容较多，且不许远距离观看，宜采用(   )。
    A. LED 点阵屏   B. 12864
    C. 数码管   D. 皆可

4. 模拟量输入给单片机时，需要经过(   )转换。
    A. DS18B20   B. TN9
    C. DAC   D. ADC

5. ADC0832 是(   )。

      A．串行 DAC   B．串行 ADC

      C．并行 DAC   D．并行 ADC

6．ADC0832 的校验方法是(   )。

      A．和校验   B．奇偶校验

      C．数据传送 2 次   D．不确定

7．ADC0832 两个输入通道共有(   )种工作方式。

      A．1   B．2

      C．3   D．4

8．下图中第 4 个器件的名称是(   )。

      A．热敏电阻   B．光敏电阻

      C．TN9   D．DS18B20

9．产生一个上升沿的语句是(   )。

      A．CLK=0;CLK=1;   B．CLK=1;CLK=0;

      C．CLK=0;   D．CLK=1;

10．产生一个下降沿的语句是(   )。

      A．CLK=0;CLK=1;   B．CLK=1;CLK=0;

      C．CLK=0;   D．CLK=1;

11．下图中，湿度传感器是(   )。

      A．   B．

      C．   D．

12．湿度传感器是(   )。

      A．电阻式   B．电容式

      C．电感式   D．数字式

13．湿度测试电路是将湿度的变化转换为(   )的变化。

      A．电流   B．电压

      C．频率   D．脉宽

14．湿度测试电路的本质是一个(   )。

      A．分压电路   B．分流电路

      C．振荡电路   D．压-流转换电路

三、综合题

1. 将 0～1000℃测温范围，按照 1℃的分辨温度进行划分，确定 ADC 的位数。

2. 根据 ADC0832 的时序图编写函数。

3. 某 10 位 ADC 输入模拟电压范围是 0～5 V，试确定模拟量与数字量之间的关系。

4. 设计单片机测控系统用于测试某一场所的环境温度。提供的传感器参数为：测温范围-40～60℃，输出信号 0～5 V，测试精度 1℃；试选择 ADC，及如何实现该环境温度的测试并显示呢？

5. 根据图 6-12 编写函数，实现数据的串行传送。

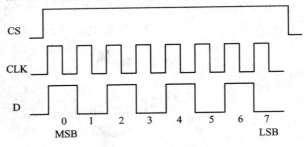

图 6-12 串行传送数据时序图

6. 简述矩形波频率测试的原理。

7. 用 DS18B20 和湿度传感器监控室内环境质量。

项目七　温控直流电机控制系统

 **项目任务**

用室温控制小功率直流电机的转速。当室温小于 22℃时，电机不工作；当室温超过22℃时，电机开始旋转；在此基础上，室温每增加 2℃，电机转速增加一个挡位，使直流电机的转速随温度自动调整。

项目目标

知识目标

❖ 了解直流电机的构成。
❖ 熟悉直流电机的工作原理。
❖ 熟悉直流电机的驱动方法。
❖ 熟悉直流电机的调速方法。
❖ 掌握 PWM 波调速原理。
❖ 掌握 PWM 波产生方法。

能力目标

❖ 认识直流电机。
❖ 能够画出硬件电路图。
❖ 正确编写直流电机驱动函数。
❖ 根据要求产生一定占空比的 PWM 波形。
❖ 正确编写直流电机调速函数。
❖ 根据要求编写源程序。

7.1　温控直流电机控制系统框图

温控直流电机控制系统由单片机 AT89S52 作为控制核心，温度传感器用于检测室内温度，单片机通过驱动电路控制直流电机旋转并调速，显示器用于显示室温及直流电机转速挡位，如图 7-1 所示。

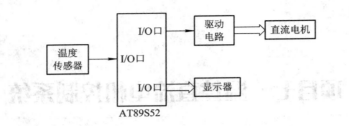

图 7-1　温控直流电机控制系统框图

7.2　直流电机原理

7.2.1　常见直流电机

　　直流电机用于实现直流电能和机械能的相互转换，是常用的机电执行部件。直流发电机用于将机械能转换成直流电能，直流电动机用于将直流电能转换成机械能。直流电机具有可逆性，是指从原理上讲，一台直流电机既可作为电动机运行，也可作为发电机运行。本项目中是作为电动机运行。常见的直流电机如图 7-2 所示。

(a) 普通直流电机　　　　(b) 减速直流电机　　　　(c) 无刷直流电机

图 7-2　常见直流电机

7.2.2　直流电机的特点

　　直流电机有以下优点：
　　(1) 直流电机结构紧凑，体积小，造型美观。
　　(2) 直流电机调速时能量损耗低，振动小，噪音低。
　　(3) 直流电机调速范围宽，调速特性平滑。
　　(4) 直流电机过载能力较强，起动和制动转矩较大。
　　(5) 直流电机采用新型密封装置，保护性能好，对环境适应性强。
　　由于直流电机上述的特点，它主要用于调速范围广且需要平滑调速的场所。

7.2.3　直流电机的基本工作原理

　　直流电机由定子和转子两大部分组成。定子在直流电机运行时静止不动，其主要作用是产生磁场，由机座、主磁极、换向极、端盖、轴承和电刷装置等组成。转子在直流电机运行时处于转动状态，其主要作用是产生电磁转矩和感应电动势，是直流电机进行能量转换的枢纽，又称为电枢，由转轴、电枢铁心、电枢绕组、换向器和风扇等组成。

图 7-3(a)中定子的主磁极 N、S 固定不动，电枢绕组的线圈 abcd 在主磁极 N、S 产生的磁场中旋转，与线圈相连的换向片 1、2 与线圈同步旋转，电刷及引出导线 A、B 不动。

首先，在线圈中产生电流。图 7-3(b)将直流电的正极接于电刷的 A 端，负极接于电刷的 B 端时，直流电、电刷、与电刷相接触的换向片以及线圈 abcd，形成闭合回路。在 N 极范围内，线圈的 ab 边中电流的方向是从 a 至 b；在 S 极范围内，线圈 cd 边中电流的方向是从 d 至 c。

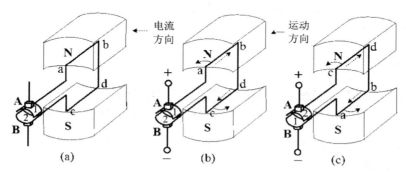

图 7-3　直流电机工作原理图

其次，定子产生固定方向的磁场。

最后，通电导体在磁场中受到电磁力的作用产生运动。通电导体在磁场中的受力方向由左手定则判断，ab 边的受力方向朝左，cd 边的受力方向朝右，在均匀的磁场中，线圈 ab 边与 cd 边中电流大小相同，因此所受电磁力大小相等但方向相反，最终线圈按逆时针方向转动，如图 7-3(b)所示。当线圈转至水平方向，即磁极中性面时，线圈中的电流为 0，所受电磁力也为 0，这时由于惯性，线圈继续转动。转过中性面之后，ab 与 cd 互相调换了位置，ab 边在 S 极范围之内，与电刷的 B 端相连，电流从 b 至 a；cd 边在 N 极范围之内与电刷的 A 端相连，电流从 c 至 d；位置的改变，导致电流的方向发生变化，但所受电磁力方向不变，线圈仍按逆时针旋转，如图 7-3(c)所示。

绕于转子上的所有线圈按一定规律连接在一起就称为电枢绕组。电枢绕组产生的电磁力作用于转子产生电磁转矩，通过齿轮等机构的传动拖动负载转动。

7.2.4　直流电机的参数

转矩：电机得以旋转的力矩。

转速：电机旋转的速度，单位为 r/min，表示每分多少转。

电枢电阻：电枢内部的电阻，包括电刷与换向器之间的接触电阻，其阻值越小越好。

额定功率：是指直流电机在长期使用时，轴上允许输出的机械功率。单位用 kW 表示。

额定电压：是指直流电机在额定条件下运行时，从电刷两端施加给电机的直流电压。单位用 V 表示。

额定电流：是指直流电机在额定电压下输出额定功率时，长期运转允许输入的工作电流。单位用 A 表示。

额定转速：指直流电机在额定运转时，转子的转速为额定转速。单位为 r/min，表示每分多少转。

【随堂练习 7-1】

(1) 直流电机工作时，换向器的作用是当电枢绕组转到_____位置时，就能_____改变电枢绕组中_____的方向，使电枢绕组不停地转动。正是由于换向器的存在，直流电机电枢绕组中的电流是_____的。

(2) 改变直流电机的转动方向，可以改变_____方向，也可以对调_____；要提高直流电机的转速，可以增大_____或_____。

7.3   温控直流电机控制系统硬件设计

7.3.1   直流电机的驱动

用单片机控制直流电机旋转时，必须通过驱动电路，才能够为直流电机提供足够大的工作电流。

在选择驱动电路时，主要考虑两个问题：第一是直流电机旋转时，是否需要改变转动的方向；第二是直流电机转动时，是否需要调节直流电机的转速。

直流电机的驱动方式有继电器、功率管、达林顿管、专用驱动芯片等。功率管、达林顿管使用方便，但是无法控制电机的转向；直流电机需要正反向转动时，只能用 H 桥电路驱动，专用驱动芯片的本质也是 H 桥电路，如图 7-4 所示。

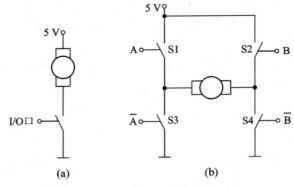

图 7-4   直流电机的驱动

单向转动的直流电机，可以用功率管、达林顿管或继电器直接驱动；双向转动的直流电机，可以使用由 4 个功率管组成的 H 桥电路，也可以选用专用的驱动芯片 L298 等；直流电机不需要调速时，用继电器就可以驱动了；需要调速时，最好使用功率管、达林顿管、专用芯片等电子开关元件驱动，以实现平稳调速。

本项目要求直流电机的转速受室温的控制，实现平稳的调速，不需要改变转向，综合考虑，采用达林顿管驱动直流电机。

【随堂练习 7-2】

分析图 7-4 中 H 桥转向的工作原理。

7.3.2 达林顿管 ULN2003

1．特点

ULN2003 是高电压、大电流达林顿晶体管阵列电路，由 7 个硅 NPN 复合晶体管组成，具有电流增益高、工作电压高、温度范围宽、带负载能力强等特点，适应于各类要求高速大功率驱动的系统。ULN2003 具有以下特点：

(1) 电流增益高，约为 1000；

(2) 带负载能力强，输出电流约为 500 mA；

(3) 温度范围宽，−40～85℃；

(4) 输入电压为 5 V；

(5) 驱动电压高，约为 50 V。

ULN2003 电路主要用于驱动直流电机、步进电机、电磁阀或可控照明灯。

2．内部结构

图 7-5 所示为 ULN2003 的引脚图和内部结构图。在 ULN2003 的内部有 7 个 NPN 达林顿管阵列，适用于 TTL 和 COMS 电路。ULN2003 采用集电极开路输出结构，它的输出端允许通过电流为 500 mA，饱和压降 VCE 约 1 V 左右，耐压 BVCEO 约为 36 V，可直接用于驱动继电器、电机，也可直接驱动低压灯泡。除此之外，还集成了 7 个用于消除线圈反电动势的二极管。

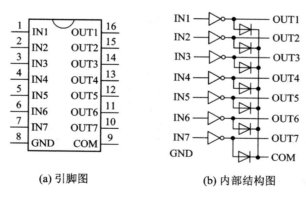

(a) 引脚图   (b) 内部结构图

图 7-5 ULN2003 引脚图与内部结构图

在逻辑关系上，ULN2003 是一个包含 7 个非门的集成电路。

3．引脚

· **COM**—为公共端。该引脚是内部 7 个续流二极管负极的公共端，各二极管的正极分别接各达林顿管的集电极。用于驱动感性负载时，COM 脚接负载电源正极，实现续流作用。COM 不用时，也可以悬空。

- GND—地。
- IN1～IN7—脉冲输入端。
- OUT1～OUT7—脉冲输出端。

IN1～IN7 与 OUT1～OUT7 分别为达林顿管的输入与输出端。

7.3.3　温控直流电机控制系统硬件设计

温控直流电机控制系统硬件电路如图 7-6 所示。数字式温度传感器 DS18B20 的 DQ 与 P2.4 相连，DS18B20 用于测量室内温度，它可以将温度转换为数字量，从 P2.4 送入单片机。

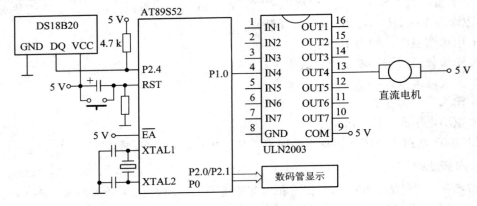

图 7-6　项目七硬件电路图

直流电机的一端接 5V 电源，另一端与达林顿芯片 ULN2003 的 OUT4 相连，与 OUT4 对应的输入端 IN4 与单片机的 P1.0 相连，通过 P1.0 对直流电机进行调速。单片机读入室温的数字量，一方面根据室内温度选择直流电机工作的挡位，再根据挡位，改变端口 P1.0 输出矩形波的占空比，通过 ULN2003 驱动直流电机旋转；另一方面处理后在数码管上显示出室温及挡位。

编程时，除了数码管的数据口以外，都采用位寻址，定义为

```
sbit   DUANLE=P2^0;      //数码管动态显示字段口 74HC573 锁存使能端
sbit   WEILE=P2^1;       //数码管动态显示字位口 74HC573 锁存使能端
sbit   DQ=P2^4;
sbit   PWM = P1^0;       //直流电机控制端
```

7.3.4　直流电机驱动函数

根据图 7-6 中直流电机的连接方式，只要在控制端 P1.0 输出高电平，经 ULN2003 取反后，为直流电机的可控端提供低电平，电机就可以全速旋转。

直流电机不需要全速转动时，可以在 P1.0 端输出一定频率的矩形波，控制直流电机旋转。在矩形波的高电平期间，直流电机旋转；在矩形波的低电平期间，直流电机停止转

动。由于矩形波的频率较高及转动的惯性，实际上不管是高电平还是低电平期间，直流电机都是转动的，电机的转速取决于矩形波所能提供的平均电压。

　　直流电机驱动函数就是为直流电机提供一定频率的矩形波，矩形波的高电平宽度由全局变量 pwmgao 控制，低电平宽度由全局变量 pwmdi 控制，因此该矩形波的周期就是 pwmgao+pwmdi。

```
/*函数名：qudong()
作用：输出频率固定、一定占空比的矩形波，控制直流电机的旋转速度。
入口参数：无。
出口参数：无。
说明：　　PWM：直流电机控制端，输出矩形波，控制电机的旋转。
　　　　　pwmdi：存放 PWM 波低电平的宽度，定义为全局变量。
　　　　　pwmgao：存放 PWM 波高电平的宽度，定义为全局变量。
*/
void    qudong(void)
{
    uchar    i;
    for(i=0;i<pwmdi;i++)
    {
        PWM=0;
        delayus(1);
    }
    for(i=0;i<pwmgao;i++)
    {
        PWM=1;
        delayus(1);
    }
}
```

7.4　直流电机调速原理

7.4.1　直流电机调速原理

1．直流电机调速方法

　　改变直流电机的转速，一般有下述三种方法：

　　(1) 调节电枢供电电压 U。改变电枢电压是从额定电压向下降低电枢电压，调节后电机的转速只能低于额定转速，属恒转矩调速方法。对于要求在一定范围内无级平滑调速的系统来说，这种方法最好。电枢电流变化遇到的时间常数较小时，能快速响应，但是需要大容量可调直流电源。

(2) 改变电动机主磁场。改变主磁场也可以实现无级平滑调速，但只能减弱磁场，从电动机额定转速向下降低调速，属恒功率调速方法。电枢电流变化时遇到的时间常数要大很多，响应速度较慢，但所需电源容量小。

(3) 改变电枢电阻 R。在电动机电枢回路外串联电阻进行调速的方法，这种方法设备简单，操作方便。但是只能进行有级调速，且调速平滑性差，机械特性较软；在调速电阻上消耗大量电能。改变电阻调速缺点很多，目前很少采用。

2. PWM 原理

在单片机控制系统中，主要采用改变电枢电压的方法进行调速，通过 PWM 波来改变供给电枢的平均电压。

PWM 就是脉冲宽度调制。通过单片机给直流电机提供一个具有一定频率的脉冲波形，该脉冲波形的脉冲宽度是可以调节的。脉冲宽度越大即占空比越大，提供给电机的平均电压越大，电机转速就高；反之脉冲宽度越小，则占空比越小；提供给电机的平均电压越小，电机转速就低；总而言之，PWM 波形就是占空比可调的脉冲波形。

最常用的 PWM 信号是矩形波。矩形波的占空比是指高电平宽度在一个周期内所占的百分比。改变矩形波的占空比的方法有定宽法和定频法两种，如图 7-7 所示。

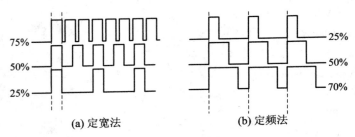

图 7-7　PWM 波

定宽法是指高电平的脉冲宽度保持不变，通过改变周期来改变占空比。采用定宽法改变占空比时，矩形波的频率是变化的。

定频法是指矩形波的频率保持不变，通过改变高电平的脉冲宽度来改变占空比。采用定频法改变占空比时，矩形波的周期是固定不变的，高电平宽度增加时，相应的低电平宽度就减少。

3. PWM 波产生方法

在单片机 I/O 口输出 PWM 波，有下面三种方法：

(1) 利用软件延时输出 PWM 波。首先根据 PWM 波的频率确定一个时间基准，编写一个有参的延时函数；在 I/O 口输出低电平时，调用若干次延时函数；低电平时间到后，在 I/O 口输出高电平，再调用若干次延时函数；如此重复就可以输出一定占空比的 PWM 波。

(2) 利用定时器输出 PWM 波。利用定时器的定时功能，控制高、低电平的翻转。

(3) 利用单片机自带的 PWM 功能输出 PWM 波。

7.4.2 直流电机调速函数

在本项目中，由于 AT89S52 单片机中没有 PWM 功能，只能利用软件或定时器输出 PWM 波，综合考虑后，最终选择软件延时、采用定频法改变 PWM 波的占空比。

首先确定 PWM 波的频率。PWM 波的频率与直流电机的性能有关，频率过低时，直流电机要么不能转动，要么转动的时候噪声大，抖动严重；而频率选的过高，又会引入高频信号的问题。最终选择频率为 5 kHz，周期为 200 μs。

其次，根据挡位确定占空比。直流电机的转速分为 5 挡，室温、挡位、PWM 波的占空比及高低电平的宽度之间的关系，如表 7-1 所示。

表 7-1 PWM 波占空比

室温℃	挡位	点空比%	高电平μs	低电平μs
<22	0	0	0	200
22~24	1	25	50	150
24~26	2	50	100	100
26~28	3	75	150	50
>28	4	100	200	0

当温度小于22℃，为0挡，这时直流电机停止转动，点空比为0，即高电平宽度为0、低电平宽度为 200 μs；此后，温度每增加 2℃，挡位增加一档，占空比增加 25%，高电平的宽度增加 50 μs，低电平的宽度减少 50 μs；当温度超过 28℃时，占空比为 100%，高电平宽度为 200 μs，直流电机全速旋转。

观察表 7-1，可以看出不管占空比怎么改变，PWM 波的周期都固定为 200 μs。

```
/*函数名：pwmtiaosu()
作用：根据室温，确定挡位及 PWM 波高低电平的宽度。
入口参数：无。
出口参数：无。
说明：    dangwei：存放直流电机的转速挡位，分 5 级，定义为全局变量。
          pwmgao：存放 PWM 波高电平的宽度，定义为全局变量。
          pwmdi：存放 PWM 波低电平的宽度，定义为全局变量.
*/
void   pwmtiaosu(void)
{
    if(wendu<220)            dangwei=0;
    else if(wendu<240)       dangwei=1;
    else if(wendu<260)       dangwei=2;
    else if(wendu<280)       dangwei=3;
    else                     dangwei=4;
```

```
        switch(dangwei)
        {
            case   0: pwmgao=0;        pwmdi=200;     break;
            case   1: pwmgao=50;       pwmdi=150;     break;
            case   2: pwmgao=100;      pwmdi=100;     break;
            case   3: pwmgao=150;      pwmdi=50;break;
            case   4: pwmgao=200;      pwmdi=0;  break;
        }
}
```

7.5 温控直流电机软件设计

　　在主函数中，先调用函数 ds18b20sjcl()，启动 DS18B20 开始温度转换，并读出转换后的数字量，将数字量还原为实际温度值存入全局变量 wendu 中；其次调用 pwmtiaosu()函数，确定挡位及 pwm 波高低电平的宽度；第三，调用 xianshi()函数，在数码管上显示挡位及室温；最后，调用 qudong()函数，驱动直流电机按照挡位旋转。

```
/*预处理*/
#include   <reg52.h>
#define   uchar  unsigned  char
#define   uint  unsigned  int
/*全局变量定义*/
sbit   DUANLE=P2^0;
sbit   WEILE=P2^1;
sbit   DQ=P2^4;
sbit   PWM = P1^0;
uchar   pwmgao=0,pwmdi=6 ;//存放高电平、低电平的宽度
uchar   dangwei=0;
uint   wendu;
uchar   code   duanma[]={ 0x3f,0x06,0x5b,0x4f,0x66,
                          0x6d,0x7d, 0x07,0x7f,0x6f};
uchar   code   duanma1[]={ 0xbf,0x86,0xdb,0xcf,0xe6,
                           0xed,0xfd,0x87,0xff,0xef};
/*函数声明*/
void   delayms(uint a);
void   delayus(uint a);
void   ds18b20chushihua(void);
```

```
void    ds18b20xie(uchar zijie);
uchar   ds18b20du(void);
void    ds18b20sjcl(void);
void    xianshi(void);
void    pwmtiaosu(void);
void    qudong(void);
/*主函数*/
void main()
{
    PWM=0;
    while(1)
    {
    ds18b20sjcl();
        pwmtiaosu();
        xianshi();
        qudong();
    }
}
/*函数定义，除主函数外*/
void qudong(void)
{
    uchar   i;
    for(i=0;i<pwmdi;i++)
    {
        PWM=0;
        delayus(1);
    }
    for(i=0;i<pwmgao;i++)
    {
        PWM=1;
        delayus(1);
    }
}
void   pwmtiaosu(void)
{
    if(wendu<220)          dangwei=0;
    else if(wendu<240)     dangwei=1;
    else if(wendu<260)     dangwei=2;
```

```
            else if(wendu<280)        dangwei=3;
            else                      dangwei=4;
            switch(dangwei)
            {
                case   0: pwmgao=0;      pwmdi=200;    break;
                case   1: pwmgao=50;     pwmdi=150;    break;
                case   2: pwmgao=100;    pwmdi=100;    break;
                case   3: pwmgao=150;    pwmdi=50;     break;
                case   4: pwmgao=200;    pwmdi=0;      break;
            }
}
void xianshi()
{
        DUANLE=1;    P0=duanma[wendu/100];    DUANLE=0;
        WEILE=1;     P0=0xfe;                 WEILE=0;    delayms(1);

        DUANLE=1;    P0=duanma1[wendu/10%10];DUANLE=0;
        WEILE=1;     P0=0xfd;                 WEILE=0;    delayms(1);

        DUANLE=1;    P0=duanma[wendu%10];     DUANLE=0;
        WEILE=1;     P0=0xfb;                 WEILE=0;    delayms(1);
        DUANLE=1;    P0=duanma[dangwei];      DUANLE=0;
        WEILE=1;     P0=0xef;                 WEILE=0;    delayms(1);
}
void delayms(uint a)
{
   uint   i,j;
   for(i=0;i<a;i++)
   for(j=0;j<100;j++);
}
void   delayus(uint   a)
{
        while(--a);
}
void ds18b20chushihua(void)
{
        DQ=1;   delayus(8);
        DQ=0;      delayus(80);
```

```
        DQ=1;   delayus(14);
    }
uchar ds18b20du(void)
    {
        uchar    i;
        uchar    zijie=0;
        for(i=0;i<8;i++)
        {
            DQ=0;                        //拉低总线
            zijie=zijie>>1;              //为接收 DQ 至变量 zijie 的位 7 作准备
            DQ=1;                        //拉高总线
            if(DQ)   zijie=zijie | 0x80; //dq 为 1 时，存至 zijie 的位 7
            delayus(5);
        }
        return(zijie);
    }
void ds18b20xie(uchar zijie)
    {
        uchar    i;
        for(i=0;i<8;i++)
        {
            DQ=0;                        //拉低总线
            if(zijie&0x01)   DQ=1;       //取出形参 zijie 的位 0 并送至 dq
            else             DQ=0;
            delayus(5);
            DQ=1;                        //拉高总线
            zijie=zijie>>1;              //变量 zijie 右移一位，为了下一次取出位 0 作准备
        }
    }
void ds18b20sjcl(void)
    {
        float    monif;
        uchar    shuzidi8,shuzigao8;
        uint    shuzi16;
        ds18b20chushihua();   delayms(1);
        ds18b20xie(0xcc);
        ds18b20xie(0x44);
        ds18b20chushihua(); delayms(1);
```

```
        ds18b20xie(0xcc);
        ds18b20xie(0xbe);
        shuzidi8=ds18b20du();
        shuzigao8=ds18b20du();
        shuzi16=shuzigao8<<8|shuzidi8;
        monif=shuzi16*0.0625;
        wendu=(uint)(monif*10+0.5);
    }
```

【随堂练习 7-3】

将温控直流电机的源程序编译后下载到单片机中，改变环境温度，观察显示结果，并注意直流电机的转速的变化是否平稳。

项目评价

项目名称		温控直流电机控制系统			
评价类别	项目	子项目	个人评价	组内互评	教师评价
专业能力(80)	信息与资讯(30)	直流电机构成及工作原理(10)			
		直流电机的驱动方法(10)			
		直流电机的调速方法(10)			
	计划(20)	原理图设计(10)			
		流程图(5)			
		程序设计(5)			
	实施(20)	实验板的适应性(10)			
		实施情况(10)			
	检查(5)	异常检查(5)			
	结果(5)	结果验证(5)			
社会能力(10)	敬业精神(5)	爱岗敬业与学习纪律			
	团结协作(5)	对小组的贡献及配合			

续表

项目名称		温控直流电机控制系统			
方法能力(10)	计划能力(5)				
	决策能力(5)				
	班级		姓名		学号	
评价					
	总评　　　　　教师　　　　　日期				

✍ 项目练习

一、填空题

1. 直流电机的可逆性是指，它既可作_____运行，也可作_____运行。将直流电能转换为机械能的是_____，将机械能转换为直流电能的是_____。

2. 直流电机由_____、_____组成的。产生磁场的是_____，产生电磁转矩的是_____。

3. 电刷和换向器在直流电机中的作用是_____。

4. _____用于判断载流导体在磁场中的运动方向。

5. 直流电机的调速方法有_____、_____、_____三种。

6. 改变直流电机转向的方法有_____、_____。

7. 选择直流电机的驱动方法时，要考虑_____、_____。

8. 直流电机单向转动时，可采用_____驱动；直流电机双向转动时，可采用_____驱动。

9. ULN2003芯片的功能是_____，它的输出电流约为_____。

10. 用矩形脉冲控制直流电机旋转时，直流电机的转速与矩形脉冲的_____有关。

11. 用单片机改变电枢电压时，采用_____方法。

12. PWM的含义是_____，PWM波的实质是_____。

13. 矩形波的占空比是指＿＿＿＿＿＿＿＿＿＿＿＿＿＿＿。

14. 改变 PWM 波占空比的方法有＿＿＿＿＿＿＿、＿＿＿＿＿＿＿。

15. 产生 PWM 波的方法有＿＿＿＿＿＿＿、＿＿＿＿＿＿＿、＿＿＿＿＿＿＿三种。

16. 直流电机停止转动时，PWM 波的占空比为＿＿＿＿＿＿＿。

二、选择题

1. (　　)是直流电机进行能量转换的主要部件。

    A. 定子   B. 电刷

    C. 换向片   D. 电枢绕组

2. 下列描述能改变直流电机转动方向的是(　　)。

    A. 改变电流的大小

    B. 改变磁场的强弱

    C. 改变电流的方向

    D. 同时改变电流方向、磁场方向

3. 改变直流电机转子的转向，不可行的是(　　)。

    A. 改变线圈中电流的方向

    B. 改变磁场的方向

    C. 将电源的正、负极和两个磁极同时对调

    D. 电源的正、负极和两个磁极不同时对调

4. 使直流电机转速变快，正确的是(　　)。

    A. 改变电枢绕组中电流的方向

    B. 增大电枢绕组中的电流

    C. 调换磁铁的两极

    D. 对调直流电源的正负极

5. 直流电机电枢绕组中流过电流的方向是(　　)的，产生电磁转矩的方向是(　　)的。

    A. 不变、不变   B. 不变、变化

    C. 变化、不变   D. 变化、变化

6. 直流电机的线圈转动一周，电流的方向需改变(　　)。

    A. 1 次   B. 2 次

    C. 3 次   D. 4 次

7. 直流电机电枢绕组中的电流(　　)。

    A. 直流电   B. 交流电

    C. 脉动的直流   D. 不确定

8. 用单片机控制直流电机时，最好采用(　　)方法调速。

    A. 变电枢电压   B. 改变主磁场   C. 改变电枢电阻

9. PWM 信号的频率为 10 kHz，占空比为 75%，高电平宽度为(　　)。

    A. 100 μs   B. 75 μs

    C. 25 μs   D. 0

10．占空比 100%时，直流电机(　　)。

　　A．全速旋转　　　　　　B．半速旋转　　　　C．停止转动

三、综合题

1．简述直流电机的工作原理。

2．编程实现用按键控制直流电机的速度；一个按键增速，另一个按键减速。

3．用 PWM 波控制 LED 的亮度。

参 考 文 献

[1] 张迎新. 单片机初级教程[M]. 北京：北京航空航天大学出版社，2008.

[2] 何立民. MCS-51 系列单片机应用系统设计配置与接口技术[M]. 北京：北京航空航天大学出版社，2000.

[3] 张晔，等. 单片机应用技术[M]. 北京：高等教育出版社，2009.

[4] 祁伟，等. 单片机C51程序设计教程与实验[M]. 北京：北京航空航天大学出版社，2006.

[5] 郭天祥. 新概念 51 单片机 C 语言教程：入门、提高、开发、拓展全攻略[M]. 北京：电子工业出版社，2009.

[6] 王静霞，等. 单片机应用技术[M]. 北京：电子工业出版社，2009.